中央戏剧学院 教材

THE FUNDAMENTALS OF
COSTUME DESIGN FOR THE STAGE

舞台人物服饰造型设计基础

胡万峰 ——— 著

文化艺术出版社
Culture and Art Publishing House

图书在版编目（CIP）数据

舞台人物服饰造型设计基础/胡万峰著.—北京：
文化艺术出版社, 2021.4
ISBN 978-7-5039-6644-6

Ⅰ.①舞… Ⅱ.①胡… Ⅲ.①舞台美术－服装设计
Ⅳ.①TS941.2

中国版本图书馆CIP数据核字(2021)第073331号

舞台人物服饰造型设计基础

著　　者	胡万峰	
责任编辑	田　甜　魏　硕	
责任校对	董　斌	
书籍设计	木　子	
出版发行	文化艺术出版社	
地　　址	北京市东城区东四八条52号　（100700）	
网　　址	www.caaph.com	
电子邮箱	s@caaph.com	
电　　话	（010）84057666（总编室）　　84057667（办公室）	
	84057696—84057699（发行部）	
传　　真	（010）84057660（总编室）　　84057670（办公室）	
	84057690（发行部）	
经　　销	新华书店	
印　　刷	中煤（北京）印务有限公司	
版　　次	2021年8月第1版	
印　　次	2021年8月第1次印刷	
开　　本	710毫米×1000毫米　1/16	
印　　张	17.5	
字　　数	150千字　图片约410幅	
书　　号	ISBN 978-7-5039-6644-6	
定　　价	108.00元	

前言

随着时代的发展和社会的进步，人们的生活理念和方式发生了极大的变化。服饰作为人们生活外在面貌的反映，也在频繁地更新换代。服装不仅是人们的生活必需品，还反映一个国家的政治、经济和文化水平。作为现代艺术和社会文化形态的重要组成部分，服饰造型设计是艺术与技术、精神与物质有机结合的产物，服饰造型设计对创造良好的生活方式，提高人们的生活品位起着至关重要的促进作用，同时也是塑造戏剧影视角色的重要组成部分。

追求美是人的天性，而服饰为提高人物形象的美感提供了更多可能。人物形象的美涵盖了优雅体态美与精神气质美。精神气质的美是一种内在的美，反映了人的性格、气质、风度与修养。而体态的美作为一种外在的美，除了自身条件外是可以通过服饰来塑造的，甚至可以"由表及里"地塑造外在的体态同时，烘托人物的内在精神气质。服饰作为利用物质手段去塑造形象具有实用艺术价值的特征，长久以来与美紧密联系在一起。随着人类的繁衍以及社会文明的发展，服装也经历了从初级到高级、从原始到文明的漫长演变过程。

除了美化形象和表现人的精神风貌以外，服饰所具有的属性是多元的。首先服饰的功能性起着重要作用，除保护身体的基本作用，服饰还可以通过材质、款式、色彩和佩饰等来塑造穿衣人的身份地位、形象气质。而在戏剧与影视的演出中，服饰的这一特性可以被充分加以利用，这对于塑造人物角色起到了至关重要的作用。当然戏剧与影视服装和生活服装在功能上有各自的倾向性，戏剧与影视服装是用来为艺术作品中的人物服务的，更注重人物形象的塑造，其创造来源于现实生活，是高于生活的提炼，而生活服装则是为现实生活中的人们服务的，更侧重时尚与实用性。

服饰造型设计作为综合艺术，它涉及文化、艺术，工艺、科学技术等多方面的因素。由于各种因素的影响，人物造型设计的创作也受到一定制约。那么如何遵循整体协调统一，为戏剧影视艺术服务，如何利用设计语言和技术手段塑造角色造型就显得尤为重要。

　　本书将针对服装设计的基本要素和戏剧影视的人物造型理论进行综合论述，并结合笔者几十年教学经验与设计案例，对戏剧服装设计的方式方法进行解读与分析。

目录

服饰
基础论述

Apparel
Basic
Discourse

1

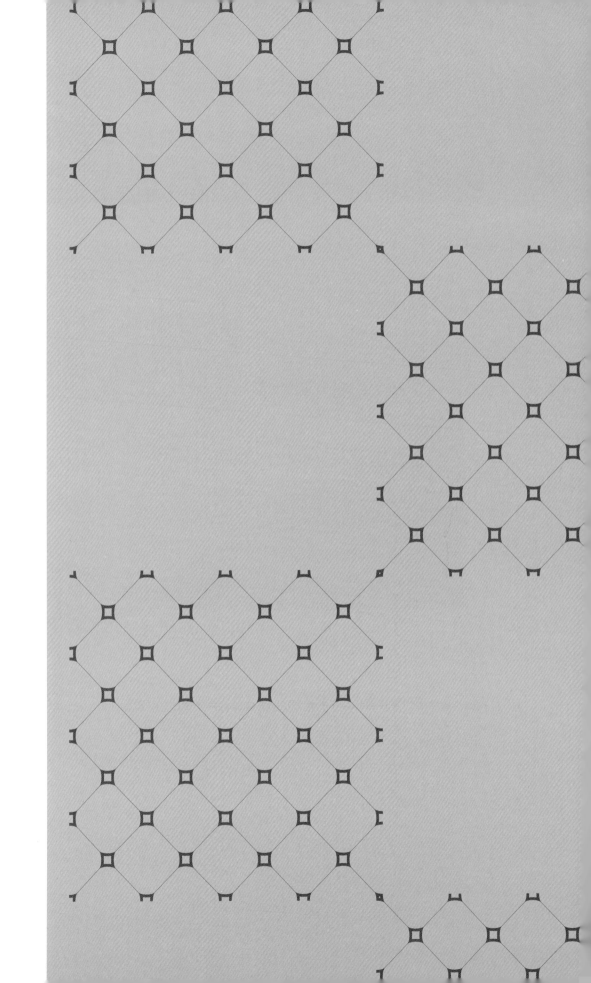

第 一 节

概　述

一、追本溯源

　　服饰起源与服饰功能之间的关系是密不可分的，服饰的根本目的是满足人类的生理需求和心理欲求，服饰的功能与服饰的文化相辅相成。随着不同地域人类文明的发展，服饰起源在学界逐渐形成了几种假说，如"保护说""装饰说""遮羞说"等。服饰的起源经历了一个由多种因素引发的漫长过程，早期人类在捕猎与对抗自然的斗争中利用兽皮保暖并保护身体。随着人类道德荣辱观念的增强，人们产生了对人体私密部位遮挡的意识。同时随着人与人之间的社会关系越来越复杂，人们对礼节、尊严、身份、地位也越来越重视，服饰也就成为维护社会礼仪和代表人的社会属性的必要手段。尽管关于服饰起源的说法没有定论，但是由于人类对服饰的实用性与装饰性这两方面的共同需求，普遍认为服饰起源于人本身的心理欲求。

　　我国服饰文化历史悠久，从已出土的文字、图画以及实物资料记载，可以了解我国服饰文化的发展历程，感受到不同时期的政治、经济、文化等因素对服饰的影响。从春秋战国百家争鸣时期服饰的自由洒脱、豪迈奔放的形态，到隋唐繁荣盛世时期的奢华端庄，再到宋代的规范严谨与清代的长袍马褂，这些都反映了各个历史时期我国服饰的发展特点。但由于长期以来封建制度的束缚，我国服饰总体风貌变化不大，发展速度较缓慢。直至近现代社会变革，西方文化对我国服饰产生了巨大的影响。各种风格的着装艺术潮流的涌入，风格化的设计师不断涌现，品牌意识的增强，偶像明星的着装等，使我国服饰在款式造型上有了较大的突破，人们的观念也从穿衣转变到穿着得体，进而发展到如何穿得优雅与美丽。

二、服饰类型的多样性

（一）从历史起源和演变角度进行分类

世界各地服饰的起源及发展历史可谓多种多样，服饰的基本形态、种类、用途、制作方法也不尽相同，因此，服饰的分类是可从多维度来衡量的。目前，依据服装的起源和演变过程，服饰分类有两种。

1. 史氏分类法

根据气候和时代分类，将服装分为原始服装、热带服装与寒带服装。

原始服装为早期人类的树叶兽皮服，热带多为披缠式，寒带多有厚重感，常用一些毛皮。

2. 标志服装与时尚类服装

（1）标志服装

标志服装是指经历了一定时期所形成的具有标识作用的服装，如中国古代的官服等。标志服装可以是标志着国家和民族社会性和地域性特点的服装，也可以是标志职业和身份的制服，如军服、校服等。这类标志服装构成了人们印象中的某种固定意识，看到着装就能知道穿衣者的身份或职业等信息。

（2）时尚类服装

时尚类服装是社会发展不断竞争中的产物，这种竞争往往从社会上层开始。他们崇尚奢华感与特殊性，并不断变化和翻新。这种新奇别致的服装被称为时装，并被广泛传播。时尚类服装传播的特点是从倡导到传播的过程中，少数人的衣着衍生成多数人的衣着，因此时尚类服装的特性是周期短、变化快。

（二）从服装的基本造型进行分类，总体分为体形型、样式型和综合型三种

1. 体形型

体形型是一种符合人形体结构的服装种类；上装与人体的胸、颈、手臂相适应，下装则符合腰、臀、腿的形状，以裤型、裙型为主；注重服装的轮廓造型、主体效果，能够体现出人体各部位的结构特点。因此，体形型服装也是现代西装造型的基础。

2. 样式型

服装多以宽大布料覆盖在人体上，剪裁与缝制工艺以平面结构为主，式样比较自由随意。总体来看，样式型服装可分为腰缠式、袈裟式和套头式三种。

（1）腰缠式

将面料随意地缠绕在腰臀部位作为遮盖，是较为原始的服装类型。目前热带地区的部分土著民族依然采用这种腰缠式的服装。

（如图1-1）

（2）袈裟式

通常为一块很大的布披挂在身上，只在腰部和肩部适当地扎系，是一种随意性很强的服装。袈裟式服装起源于古希腊、古埃及等地区。印度妇女至今沿用的

图1-1　腰缠式

民族服饰——"纱丽"，就是这种服装的典型代表。（如图 1-2）

（3）套头式

这是一种将布料缝制成袋式的服装，穿着时套头而入，仅露出项颈和手臂，因而又称"套头衫"。这类服装的典型代表如宽袍大袖的阿拉伯服饰和伊斯兰教的民族服装。（如图 1-3）

3. 综合型

综合型结构的服装是寒带的体形型和热带的样式型的综合形式，它兼有体形型的衣袖结构与样式型的宽松随意特点。中国、日本、朝鲜等地区的民族服装均属此类，其中代表性的有中国的旗袍及日本的和服。

图 1-2　袈裟式

图 1-3　套头式

第 二 节

服装设计

一、服装设计的概念

服装设计意识的觉醒来自社会的发展和生产力的提高。服装设计本身是一种人体的包装，为的是满足人们的心理欲求。服饰的变化不仅和我们的日常生活密切相关，它还可以用来解读社会发展的历程、人们的着装观念及心理欲求的转变。

服装设计是欲求、素材、技法三者的统一体。它们通过有机地结合形成设计，三者之间相互影响。人对服装的欲求可以归结为人对个性化的追求，而设计是满足人对各种目的的欲求。这种个性化的"包装"使服装造型设计在生活中的位置非常独特。服装成为人与人交流的一种"语言"，通过这种语言，人们才能重新认识自己，让别人发现自己，这就慢慢形成了所谓的时尚潮流和社会习惯。

服装设计属于工艺美术范畴，是科学技术与艺术结合的有机体，其涉及美学、文化、心理、材料、色彩、工艺等诸多领域。服装成为一种人们外在形态的综合体现，服装设计即利用艺术与技术手段对这种人体外部形态的包装。在服装设计的过程中，需要根据款式造型、色彩、材质、工艺等方面的要求，针对每一部分要求有所侧重。需要强调的是，人作为服装的载体，其本身也是服装素材的一部分，这就形成了服装这种集多种素材于一身的独特造型状态。所以，完整的服装设计首先要利用素材进行整体造型设计与制作，素材的选定影响着设计制作的结果，其次要根据制作结果调整并完成整个着装状态的造型。（如图 1-4、图 1-5）

图 1-4　北京高校人物造型大赛参赛学生作品

二、服装设计的种类

　　服装设计从专业角度可分为戏剧影视人物造型设计、时尚人物造型设计及虚拟人物造型设计三大类。设计流程基本上是从设计构思、搜索素材到设计图，最后到制作体现的过程。但针对不同专业方向，服装设计的侧重点和内容会有所不同。

图1-5 北京高校人物造型大赛参赛学生作品《青花》

第一章
服饰基础论述

（一）戏剧影视人物造型设计

戏剧影视人物造型设计是戏剧影视作品创作中必不可少的元素之一。在人物造型设计中主要包括两个部分：一是服装设计，二是化妆设计。戏剧影视人物造型设计又可分为写实类造型设计和写意类造型设计两种。写实的造型设计多见于历史正剧，其主要尊崇历史原貌并利用设计来强化人物角色的历史特点，在视觉上强化的是历史的厚重感与真实感；而写意类造型设计在戏剧影视作品中的设计空间较大，其主要在形式上强调意象，在视觉上强化神韵。写实与写意手法两者各有所长，在戏剧影视人物造型设计中，应将写实和写意充分结合运用。这种方式可以使人物形象得到更有效的设计体现，使角色得到更完善的表达，能够在注意历史真实感的同时又强调人物造型的形式美感。

（二）时尚人物造型设计

时尚是个包罗万象的概念，它深入生活的方方面面，如衣着、饮食，甚至表达与思考方式等。一般来说，时尚赋予了人们不同的气质和神韵，能体现出个体的生活品位和个性。时尚人物则是某种流行的、个性的、事物的代表，他们新奇、独特或另类地引领着潮流。时尚人物造型设计是对这种潮流的预判和创造，其设计方向往往针对时装设计、形象设计等这一类领域，引领着公众时尚的潮流。

（三）虚拟人物造型设计

随着视听娱乐的丰富，现实生活的表演模式已满足不了人们日渐强烈的视觉需求，观众开始追求更夸张酷炫的虚拟人物形象。按照意义划分，虚拟人物造型设计有狭义和广义之分。广义的虚拟人物指一切非真实的人物形象，也就是说现实生活中不存在、由人想象虚构出的人物都统称为虚拟人物，如孙悟空、猪八戒等虚构人物；而狭义的虚拟人物通常指通过计算机图形技术生成，具有人的相关属性的数字个体。当下的虚拟人物包括虚拟主持人、虚拟演员、虚拟歌手、虚拟形象代言人、虚拟球星等，其应用领域包括了电视、电影、网络、游戏等各类媒体。虚拟人物造型的设定具有极强的审美特征，符合美术造型规律。虚拟人物设计更强调主观创造因素，为创造者提供了更多的想象和创作空间。在虚拟人物造型设计中，需要突出虚拟人物的外貌或者个性特征，让它具有独特的表现张力、较高的视觉辨识率，使观者对其留有深刻的印象。

三、服装设计的要素

服装设计最主要的因素包括款式、结构、材料、色彩等。服装设计的目的是为人服务。现代人们对服装需求的多样性决定了它必须以全方位的角度来满足人们对着装方面的需求，因此服装设计的首要条件是要符合大众审美的特征，其次还要具有实用性和时代性。

（一）款式

服装款式一般由外形构造、流行元素和材料质地三个方面组成，其通常是指服装的外形轮廓及图案、颜色、搭配等。服装款式的设计基础是以人的体态和运动形态作为直接参考依据的。从最初服装式样的产生到今天服装发展形式的多样化，无论是披缠式，还是合体式，都是围绕人体结构变化的。服装的形态大体上可规划为两类普遍的服装款式，即上衣下裳和上下相连。

服装款式随着社会、经济、文化及人的审美等诸多因素正在发生变化。如今服装界将服装款式大体分为套装系列、典雅系列、印花系列、时尚系列、晚装系列、休闲系列及运动系列等。时尚设计师将不断结合地域、民族、宗教、时尚、流行趋势等元素进行创新设计，以此来丰富不同时代人们对服装款式的不同需求。

（二）结构

服装结构，是服装工程学下的一个分支。其主要研究的是人体与服装相对应的协调关系。服装结构是以服装的平面展开形式来展现服装与人体各部位的相互关系的，它涉及人体解剖学、人体测量学、服装卫生学、服装造型设计学、服装生产工艺学和服装美学等学科分支。服装结构在服装款式和服装工艺中承担着承上启下的作用。

由于受到不同国家、民族、地域、文化等差异的影响，服装的结构设计方法大致可分为中式传统的比例推算法、西式的立体裁剪法以及日本的原型裁剪法，即平面裁剪、立体裁剪和原型裁剪三种。因为人体的躯干部分起伏较大，男女差异也很明显，需要按照性别、款式分别采用不同的裁制方法，使服装穿着合体。平面裁剪是以人体测量得到的尺寸为数据，平面制图设计的裁剪方法即短寸式裁剪法；立体裁剪法则是选用与面料特性相接近的样布，直接披挂在人体模型上进行裁剪与设计；原型裁剪是以推理的方式，通过立体裁下来的衣型，用原型加上款式宽松度裁剪服装的方法。

（三）材料

如今服装设计的材料已经不仅限于我们目前生活中常见的普通纺织布料。现代服装材料除了棉、麻、丝绸、皮毛等传统材质外，又融合了化纤及塑料、金属等许多不同的材质。服装材料能够带给人们视觉和触觉上最直观的感受，如动物的皮毛和粗纤维的织物给人的直观感受是绵软温暖，麻织物、丝绸以及漆皮等材料带给人们的感觉是冰冷的、富有张力的。材料质感的差异必然会让人产生不同的感受，绵软的材料与厚重的材料对比会产生强烈的反差。因此，作为服装设计师，只有熟练掌握这些材料的性能和特点，才能更好、更准确地表达出设计作品所想表达的理念。从材质上划分，常用的服装材料可分为以下五种类别。

1. 棉型织物

以棉或棉纱线与棉型化纤混纺纱线织成的织品，可分为纯棉制品、棉涤混纺两大类。它透气性好，吸湿性好，穿着舒适，是实用性极强的大众化面料。

2. 麻型织物

由麻纤维纺织而成的纯麻织物及麻与其他纤维混纺或交织的织物统称为麻型织物。麻型织物可分为纯纺和混纺两类。麻型织物的共同特点是质地坚韧、硬挺、凉爽舒适、吸湿性好，是理想的夏季服装面料。

3. 丝型织物

主要指由桑蚕丝、柞蚕丝、人造丝、合成纤维长丝为主要原料的织品，是纺织品中的高档品种。它具有薄轻、柔软、丝滑、高雅、华丽、舒适的特点。

4. 毛型织物

以羊毛、兔毛、骆驼毛、毛型化纤为主要原料制成的织品，一般以羊毛为主。它是适合一年四季的高档服装面料，具有弹性好、抗皱、挺括、耐穿耐磨、保暖性强、舒适美观、色泽纯正等特点，深受消费者的欢迎。

5. 纯化纤织物

化纤面料以其牢度大、弹性好、挺括、耐磨耐洗、易收藏的特点而受到人们的喜爱。纯化纤织物是由纯化学纤维纺织而成的面料，其特性是由化学纤维本身的特性来决定的。化学纤维可根据不同的需要加工成一定的长度，并按不同的工艺织成仿丝、仿棉、仿麻、弹力仿毛、中长仿毛等织物。

（四）色彩

服饰色彩与绘画色彩有诸多共同之处，但服饰色彩更趋向潮流时尚、社会文化和生活习俗，它与人的生活密切相关。设计师们必须掌握每一季度的流行色，把握市场流行色的动向。每个人对于颜色的感受是不同的，设计者给色彩附加的意义通常取决于他们过去对色彩的感受和体验。设计师们要从个性颜色的变化中，去发现并引领公众对色彩所表达的某些共性的认同，然后将色彩的个性与共性融合，从而来表现社会的流行时尚。一套服装呈现在人们的眼前时，首先吸引我们的一定是服装的色彩搭配。因此，如何运用服饰色彩进行搭配是服装设计成功与否的关键因素之一。

第 三 节

影响服装设计的要素

一、与人体紧密相连

　　服装被称为人的"第二层皮肤"，所以它以人体为依据进行设计，并受到人体结构的制约。即便服装有千万种变化，也都要围绕着人体这一要素，同时具备服装的基本特性。对当代大众而言，服装不仅要具备御寒护体的实用功能，也要兼顾装饰、展示的美化功能，以便展现人体形态的特征与美感，强调人体曲线，烘托着装者的精神气质，或夸张地突出人体的局部特征，抑或作为一种艺术载体表达不同审美观所代表的思想。例如，西方洛可可时期女性穿着的晚礼服，为突出人体臀部造型，用鲸鱼骨的裙衬支撑，使裙子成为巨大的钟形。

　　现代服装设计为表现某种特殊的新型材料、技术工艺、构思或艺术风格潮流，也常常采用这种手段。为突出强调人体某个部位的造型，弱化人体的整体比例感，以达到款式新颖、引人注意的目的。但无论什么样的服装设计都必须以人体为基础，创造人体形态美，或以人体为依托创造戏剧影视中的人物角色。（如图 1-6、图 1-7）

图 1-6　北京高校人物造型大赛参赛学生作品

图 1-7　北京高校人物造型大赛参赛学生作品

二、艺术与审美影响下的服装

服装的装饰作用是以人类对美的执着追求为基础的，也是艺术创作的动力所在。人类学家和心理学家认为，装饰作用是人类服饰起源的原始动机和根本动机。古今中外，只有不穿衣服的民族，但没有不装饰自己的民族。

无论是原始社会那种蒙昧阶段的装饰，还是封建社会那种繁文缛节的衣饰，其最基本的动机都是一致的，即美化自己、彰显身份。因此，服装款式的千变万化、流行趋势的不断更新，正是人们审美心理与追求时髦心理反应的真实写照。

服装审美的基础在于多样化的统一、内容丰富多变而有条理的整体美，即在变化中统一、在对比中协调。这个原则可以泛指各个历史时期服装审美的标准，同时也是服装审美在时间概念上显示出的一种特性。

现在的生活节奏使人们产生了新的审美理念，因而在服装上的审美也随着生活方式的转变而改变，人们更注重简洁大方、个性时尚。民族习俗、历史文化对人们有很大的影响，因此不同的文化对服饰的影响也是无所不在的。文化是人类创造物质财富与精神财富的总和，具有丰富的内涵，而其中民俗与生活方式则直接影响到服装的功能与需求。总体来说，东方的服饰较为含蓄雅致、保守严谨，而西方的服饰较为创新大胆、随意奔放。

此外，各种文艺流派，尤其是艺术思潮，也会对服装产生巨大的影响。例如，20世纪初抽象派代表蒙德里安的构成主义，20世纪90年代前卫派的立体主义等。艺术流派和艺术思潮显而易见地或不被觉察地影响着服装的变化，从而形成一种流行趋势。

（如图1-8、图1-9）

三、政治经济影响下的服装

社会经济的繁荣，人们的消费欲和购买力促使时装变化层出不穷，服装的大量需求促使生产水平与科技的发展，制衣业更趋于机械化、成衣化，以尽快满足市场的需求

图 1-8 北京高校人物造型大赛参赛学生作品

图 1-9 北京高校人物造型大赛参赛学生作品

第一章
服饰基础论述

为目的。

　　社会经济的发展与社会政治密不可分。社会上政治的变化影响着人们的着装心理与穿戴方式，政治的开放与经济的兴盛使人们的衣着华丽多样，而政局的变动与战争则使人们穿上朴素的服装，如军装、套装。

　　政治的变化同样也影响到时装界、戏剧界、影视界，如在戏剧影视服装设计中出现了一些强化王权政治性特征的作品。与此同时也造就了一批风格各异的、引领风尚的时装设计师，如香奈儿、迪奥便是 20 世纪中期出现的杰出时装设计师，他们的设计风格至今在服装界颇具影响力。

　　服装是社会与个体之间联系的纽带，正如法国人所讲："时髦的秘密就在于从方法到目的，从服装到环境的完全适合。"服装设计要及时、恰当、巧妙地把握这种心态，从而适应人们的个性以及社会心理需求。

　　人的思想随着社会的飞速发展产生着不断的变化。过去的女性多数只在家庭的圈子里活动，而现如今，女性已经走向社会，并从精神和心理上寻求一种平等。20 世纪 80 年代末期的女强人、女企业家的出现，更增强了这种社会心理。服装设计师为满足这种心理，设计了男式女装，这种个性时尚而又舒适随意的服装赢得了广大职业女性群体的欢迎。例如，20 世纪初针织品开始以外衣形式出现，马球运动员首次把套头式圆领针织衫外穿，随之又出现了"V"字领的针织运动衫、有领针织套头运动衫等。

服饰设计的基本形态

The
Fundamental
Form of Costume
Design

2

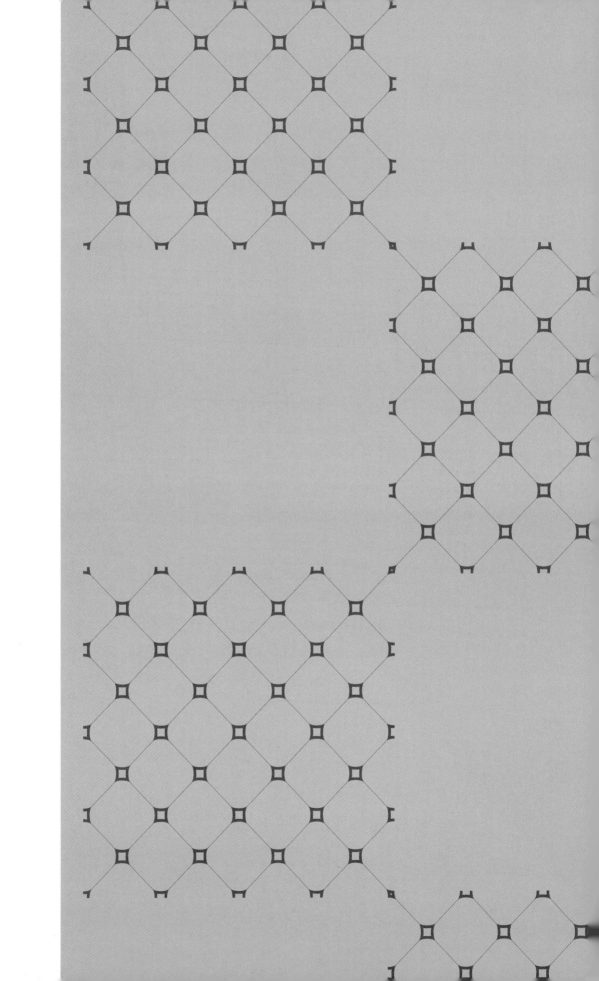

神奇的点、线、面

点、线、面是一切造型的基本要素，是构成物体本身的基础。服装作为三维空间中可视的实体，其造型方式也理所应当地遵从该原则，服装设计也就是运用这种形式法则去创造符合人体的某种形态。

一、简单的点

"点"没有长短、大小、宽度、深度，是具有空间位置的最小的视觉单位。在平面上，图将它具象化，使它变为可视的形象。当我们看到一个"点"的时候，其很自然地成为人注视的焦点。当出现两个"点"时，"点"与"点"间就构成线性的特质，这种位置关系形成了由视线诱导所产生的空间联系。当在平面上放置多个"点"时，在视觉上便形成一种强调。这种强调也形成了点和平面的"较量"，相互之间产生力度和节奏。这种利用点来强调的手段我们也经常运用到服装上，例如纽扣、饰针或耳环等都可视作"点"来强调突出整体造型中的某些部位。当画面的中心只出现一只动物时，这只动物可视作点的存在并具有中心性。上、下、左、右的空间均等地构成一种静态稳定的统一体。（如图2-1）但如果把这只动物向右移就立刻产生了重心偏离的不平衡感。（如图2-2）如果在与这只动物相对应的左侧对称位置放置另一只大小相同的人物，整个画面就产生了左右均衡的力，又形成了相对稳定的形态。（如图2-3）

如果我们尝试将动物放置于画面的左上方，画面会因构图的失衡产生一种强烈的对比，会给人心理上留下一种即将倾覆的不安感。（如图2-4）人与两只动物的三角形构图，使人们联想到稳固的三角形，总体视觉上给人以平衡的安全感，这也是三点构图的特性。

（如图2-5）如果我们将人与动物以一定顺序排列，也就是将若干点按直线排列，（如图2-6）视觉上便产生了一种流动感，引导着我们的视线。点的这种引导现象最典型的就是，每当我们看到纽扣时，我们的视线便会自然地从上到下。

我们可以将图片中的动物或人视为平面上的一个点，从图中可以看出，点是构成图形的最基本单位。单一的点是视觉的中心，起到凝固视线的作用。一方面，点具有很强的向心性，能形成视觉的焦点和画面的中心，显示了点的积极的一面；另一方面，点也能使画面空间呈现出涣散、杂乱的状态，显示了点的消极性，这也是点在具体运用时值得注意的问题。此外，点还具有显性与隐性的特征，隐性点存在于两线的相交处、线的顶端和末端等处。在画面空间中，任何物体都由一系列顶点来定义其方

图 2-1

图 2-2

图 2-3

图 2-4

图 2-5

图 2-6

位、尺度、结构。点与形的集合产生了面和体的感觉。因为点的位置不同，便产生关系上的差别，同时也决定了其方向性，产生了运动感。

服装设计中也常采用装饰点来塑造服装的整体风格，除了多在前胸、前胸口袋、口袋边、袖口等部位运用点饰加以强调，还会运用大量的波点纹样装饰服装。大的点饰纹样使设计出的服装风格活泼，更加适合年轻人；而中小点大方优雅，更加稳重成熟，适合更多年龄层的人群；最细小的点的组合起到块面组织的作用，多用于极富变化的图案或强调整体性的块面。（如图2-7、图2-8）

二、平凡的线

我们可以把线看作运动中的点的轨迹，又是面运动的起点。在几何学中，线只

图2-7 《无题》

图2-8 《无题》

具有位置和长度；而在形态学中，线还具有宽度、形状、色彩、肌理等造型元素。从线性上讲，线有整齐端正的几何线，还有无规则的自由线。物体本身并不存在线，面的转折形成了线，也就是我们所说的轮廓线。它是艺术家对物质的一种概括性的形式表现。服装是由外轮廓线、内结构线和各种装饰线相结合构成的，这些线条的变化组成了服装的形态。例如，大衣悬挂时呈现静态的轮廓、人穿着服装运动时富有变化的新轮廓线。

线条可以体现服装的风格。不同时期的服装、不同设计师的作品在服装线条的处理上各具特色。线条是具有方向性的，有些线是纵向排列却有横向的波动感。当线呈平行排列时，其间隔就会产生节奏感，视线就会沿着这种富有动感的间隔产生方向性。例如：古希腊服装通过自由褶裥的形式产生许多垂直线条，这种长度增高和向上运动的感觉，使人穿着后显得修长文雅；宫廷贵族服装与公主裙装的造型，使用了许多横向和大曲线条，这种力度与坚实感显示出皇族的权力与地位。

根据点的运动轨迹，我们通常把线划分为如下两大类别：

（一）直线

直线包括平行线、垂线、斜线、折线、虚线、锯齿线等。直线为一点在平面上或空间上沿一定方向运动所形成的轨迹，通过两点能引出一条直线。放置两个点，人们就会自然地在它们中间产生视觉联想，其两点之间最短的距离即直线。直线运动是表示无限运动的最简洁的形态，其具有"硬朗"的男性形象。粗直线给人一种"钝的重力"感，细直线则具有"弱的""敏锐的"感觉。直线总体可分为水平线、垂直线、斜线三种形态。

水平线具有广阔的延展性，而水平线排列多的时候就会形成一种压抑感。此外，由于人的眼球是水平排列的，所以我们对水平线具有强烈的敏感性。在服装上，水平线延展的特性可以强调肩宽，从外表上给人们以威武雄壮的感觉，肩章和垫肩就是这一效果的应用。视觉习惯中，人的目光往往做上下移动，因此垂直线给人以优雅、高挑和威严感。服装设计师往往通过纵向打褶、分割等表现方法，从视觉上增加人体的高度，由此修饰不同的体形。但是，竖向的线排列得多了，人们的视线就会左右移动，视觉引导就变成了横向。这样的设计对于身体较胖的人反而更会突出其宽度。另外垂直线和水平线组合设计常常给人以稳定、柔和的感觉，如中式对襟服装，门襟垂直线刚劲有力，盘扣的水平线与门襟的垂直线取得了完美平衡，使人的整体气质柔和起来。这种线的组合方式很适合男装的设计，以此来增加男性的阳刚之美。

斜线具有"天生"不稳定的动感，因此斜线视觉上可以拉长身体，显瘦略胜于显高。斜线是一种充满动感而且是颇显活泼、青春的线条，比起四平八稳的横线条和竖线条来说，更显活力。斜线可以更好地符合人体构造，其常用于衣服的剪裁，使衣服平整合身。（如图 2-9、图 2-10、图 2-11）

（二）律动的曲线

曲线包括弧线、抛物线、双曲线、圆、波浪线等。曲线是在平面或空间因一定条件而变动方向的点的轨迹。

大体上，曲线可以分为"几何曲线"和"自由曲线"两种。几何曲线是指有一定规律的、在一定条件下产生的曲线。在服装的外部形态中，经常以几何曲线作为构成的要素。以几何曲线构成的服装往往给人以明快、简洁和女性的柔美感。自然曲线是在自然物质上积累的一种提炼，是没有规律的，有一定的随意性；其特点是个性、柔和、自然，富有弹性和女性特征。在服装上，如果男性的体形健壮、棱角分明属于直线型，那么女性的体形属于柔和优美的曲线型。所以，曲线仍是女性的主要象征。（如图 2-12、图 2-13）

图 2-10　北京高校人物造
型大赛参赛学生作品

图 2-9　北京高校人物造型大赛参赛学生作品

图 2-11　北京高校人物造型大赛参赛学生作品

三、形状各异的面

　　线的移动轨迹构成了具有二维空间特质的面，同样密集的点和线也能形成面。在形态学中，面同样具有大小、形状、色彩、肌理等造型元素。从形态上划分，面的种类通常可划分为四大类。

图 2-12　第二届"麒麟杯"北京高校人物
造型大赛参赛作品戏剧影视组一等奖作品
《麦克白》

图 2-13　第二届"麒麟杯"北京高校人物
造型大赛参赛作品戏剧影视组一等奖作品
《麦克白》

（一）几何型

几何型是用数学的构成方式，由直线、曲线或直曲线相结合形成的面，如正方形、长方形、三角形、梯形、菱形、圆形、五角形等。几何型有理性的简洁、明快、冷静和秩序感，被广泛地运用在建筑、工业产品及生活器物等造型设计中。

（二）有机型

有机型是一种不可用数学方法求得的有机体形态，其具有秩序感和规律性，亦具有生命的韵律和纯朴的视觉特征。如自然界的山石、植物的叶、各种蔬菜以及人的眼睛外形等，都属于有机型面。

（三）偶然型

偶然型指面的形态是自然或偶然的，其结果无法被控制。如随意泼洒、滴落的墨迹，树叶上的虫眼、撕碎的纸片等，具有一种不可重复的生动感和意外性。

（四）不规则型

不规则型是指人为创造的、可随意地运用各种自由线性的构成形态，具有很强的造型特征和鲜明个性。不规整的平面在服装造型中一般以图案或装饰手段来表现，整体服装效果起到活跃气氛、强化造型的作用。面又可因为空间形态的不同分为平面与曲面。平面一般可分为规整的平面和不规整的平面。平面在服装造型中给人以理性、简洁、硬朗的感受，其具有稳重、刚毅的男性化特征。曲面具有动态、柔和的女性化特征，其程度随诸因素的变化而加强或减弱。但不论平面还是曲面，当两个或两个以上的面在空间中同时出现时，其间便会出现多样的构成关系。在服装设计中，经常利用面与面之间的关系进行创作。

第 二 节

形态美的基本原理

只谈形态美的标准，人们很难给予一个定义，但是关于美的形式原理早在古希腊就有过相关研究。古希腊人认为人们对统一、有秩序的事物有一种天生的喜好，调和的统一是美的主要原因，调和的美一定是多样统一的。到了19世纪，德国哲学家、实验心理学家、物理学家费希纳（Fechner）把美的形式作为造型上的基本原理进行了详细的归纳和整理。他认为构成形态美的方式有如下六种。

（一）反复与统一

同一个要素出现两次以上就成为一种强调对象的手段，我们称之为反复；两种以上要素轮流反复，我们称之为交替。在服装设计中，反复和交替是常见的设计手段之一，同形同质的元素在服装不同部位以同样的色彩和花纹的反复，都会产生秩序感和统一感，使服装在设计时有一致性。规律的反复会产生韵律和统一，如色彩由深而浅、形状由大而小等，渐层的韵律等具规则性重复的韵律，以及衣物上的飘带等飘垂的韵律，都是服装设计上常用的手法。（如图2-14、图2-15、图2-16）

（二）节奏

节奏是通过有规律的重复要素而得来的，在服装形态上表现出一种多元化、形式自由的律动，既可以是色彩的节奏、结构重复的节奏，也可以是动感的节奏。在服装设计中，节奏是指服装的点、线、面、体等诸多因素经过精心设计而形成的一种具有

图 2-14 人物练习

图 2-15 人物练习

图 2-16 人物练习

韵律、变化的美感。造型元素的重复以及对这种重复的设计是节奏的关键所在。节奏的大体变化有三种：有规律的重复、无规律的重复、等级性重复。

（三）渐变

渐变是指某种状态和性质依照一定的顺序逐步进行的变化，是一种递增或递减的过程。有规则的渐变是以一定数列为依据进行的律动，而服装的渐变则按照服装的造型特点而定，不仅限于某个数列。

（四）比例

比例是指通过大小、长短、轻重等所产生的平衡关系。近年来，服装常受到现代艺术潮流的影响，人们追求款式的新颖奇特、刺激感和新潮感。因此在服装比例上，更趋向于打破常规、大胆而较为悬殊的比例组合。

（五）平衡

服装设计上的平衡是指服装造型元素使人在视觉上和心理上产生一种稳定感。平衡具有端正、稳定和庄重的特点。平衡的主要形式有对称式平衡与非对称式平衡两种。

1. 对称式平衡

对称式平衡有三种形式：单轴对称、多轴对称、回转对称。

对称式平衡是将造型元素以某对称点进行同行、同量、同色的配置。这是一种绝对平衡的形式。

2. 非对称式平衡

非对称是将造型因素进行不对称的配置，并在一定范围内使其结构形态获得视觉与心理上的平衡。这种平衡以不失重心为原则，从而达到形态上的总体均衡。

图2-17　奥菲利亚

（六）视错

视觉对形态的辨别是根据过去的认识和经验主观地进行判断的，有时视觉与客观不符，我们把这种差别称为视错。这是正常人产生的视觉现象。一般情况下，人能辨别在视野中的物体，但由于光的折射及物体的反射关系，人的视角不同，距离和方向也不同，都会造成视觉上的误判。在服装设计方面，设计师往往利用视错塑造独特的造型形态，使整体效果更加新颖且耐人寻味。服装设计中主要应用的视错有如下两种。

1. 分割视错

对于同一物体从不同方向，利用线加以分割产生不同的视错效应。例如，同一正方形，垂直分割略长，横向分割略宽。

2. 对比视错

把两个物体的局部结构进行并列，二者之间的对比会形成视觉错位。例如：宽大的帽子会使人脸显得娇小，衣袖的宽松能反衬出胳膊

图 2-18 哈姆雷特与雷奥提斯

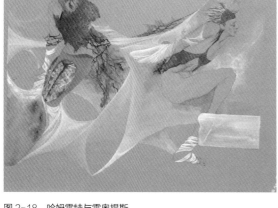

图 2-19 奥菲利亚

的纤细，胖高的人穿暗色和黑色的衣服会有形体变小的视错；"∨"字领的上衣使脸部、颈部显得较长，瘦长脸形的人不宜穿着，方脸的人穿着效果较好；体形纤细的人可在胸前加一些装饰进行点缀，采用宽型褶皱或宽松袖以增加视觉上的体积感，而肥胖体形的人则正好相反，用小领或简单的结构来减少体积感。

所以，如何进行矫正或有意利用视错来产生新的效果很重要。在服饰设计中经常利用视错，如运用发型来改变脸型。为了使身长显得高一些，服装上纵横线条纹的有效利用，流畅的布褶的处理以及色彩的对比等都可以利用视错。（如图 2-17、图 2-18、图 2-19）

第二章
服饰设计的基本形态

人物
服饰造型
设计
构思

The
Concept of
Costume
Design

3

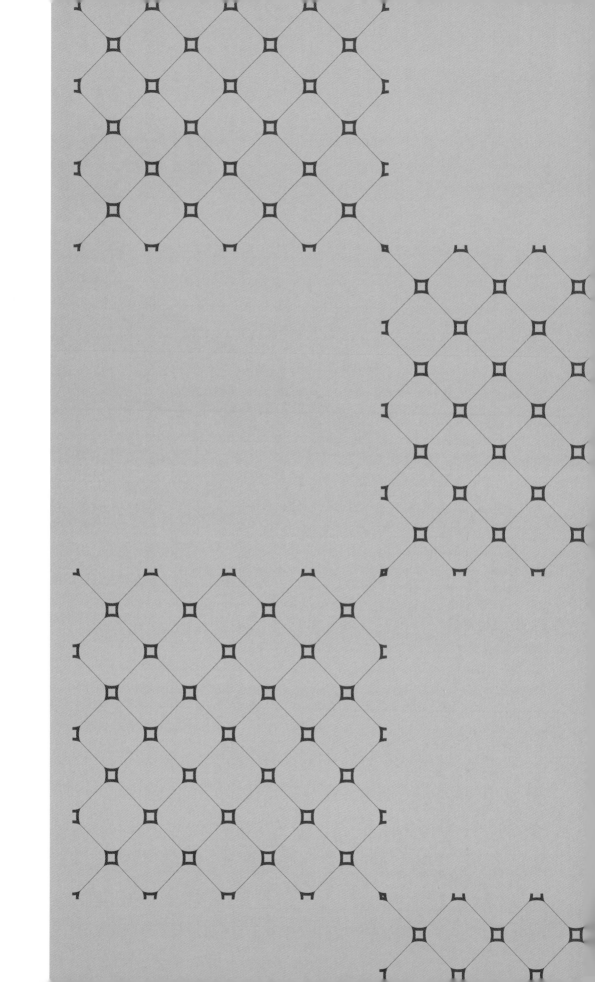

第 一 节

舞台人物造型设计概述

一、何为舞台人物造型设计

（一）舞台人物造型设计概述

舞台人物造型设计包括舞台服装设计和舞台化妆设计两大部分，是舞台美术的造型手段之一。舞台服装设计主要研究的是与舞台演出相关的服装设计和制作；舞台化妆设计主要研究的则是舞台演出中与演员相关的面部、发饰、头饰以及首饰等方面的设计和制作。

在戏剧演出中，人物造型是表现一个角色外在形象最主要的手段。无论是写实再现还是写意象征，不仅可以借助造型手段表现出人物的性别、年龄、阶层、职业、民族、宗教等身份信息，还可以反映历史时代、季节、环境等客观背景。舞台服装人物造型受到剧作家、导演、演员、舞台美术等戏剧载体的制约和限定，其存在的时空是预设假定的。

在舞台人物造型的设计中，要求服装设计师和化妆师仔细学习专业基础知识，提升服装和化妆技巧，与导演的要求和舞美设计整体风格相吻合。设计师不仅要设计出符合舞台演出形象的造型，同时要根据演员的自身条件，帮助演员更好、更快地融入角色，还要起到承载故事背景、时间和空间转换的作用，以此表达事件情境，烘托演出气氛。

舞台人物造型设计是舞台美术设计中重要的一环，舞台人物造型设计者需要学习并熟知中外服饰文化，对不同国家地区、不同年代的服装样式、布料材质、剪裁手段和妆容佩饰的样式等进行深入了解。其需要熟练掌握不同时期人物造型元素及设计技巧，以用来针对不同的历史背景下服装与化妆的设计与体现。如以洛可可时期的欧洲宫廷戏剧为基础原型，经过色彩变化、改造、处理，使之符合剧中角色（如图3-1），还需要掌握包括其各种款式、不同样式的衬裙、鞋子以及这些服装的不同做法；再如古装历史剧的化妆方面（如图3-2），化妆设计师不仅需要研究格格、阿哥、皇上、皇后以及妃子等不同角色的装束，还需掌握像才人、秀女等不同等级嫔妃的装束。同时，要想成为优秀的舞台人物造型设计师，应学会利用形、色、光这三大要素，特别是形与色的运用。然而要注意的是，在设计的构成中，必须要为演员提供适合行动的舞台装束，并要与人物角色形象协调统一，追求与舞台设计整体基调相一致的色彩气氛，为整体舞台演出风格服务。

当然，在现代舞台演出中，特别是在现实主义、未来主义等话剧演出中，人物造型应该力求创新，并具备远见卓识和艺术鉴赏力。当代的人物造型要与传统样式相融合，尽可能呈现出既符合历史背景又具有创新性的新时代形象，以带给观众强烈的新视觉。

（二）舞台人物造型设计的艺术特性

舞台美术设计是一门综合艺术，舞台人物造型设计从属于舞台美术设计。舞台人物造型设计与绘画、雕塑等艺术形式有一定的共性，它们都属于造型、时间、空间的艺术结合的产物。我们需要从这些艺术中来汲取一定的养分，如光色的运用、空间感的表现等，从而塑造和丰富人物造型艺术体系。

舞台服装与生活服装密切相关。从业人员常说舞台人物造型设计是"合乎时代的历史考据"。比如，故事背景为秦汉时期的戏剧，服装样式多采用曲裾、深衣等着装形制，而古希腊戏剧中的人物多身着麻质细褶长裙。设计师需以现实条件为基础进行主观创造，所以生活服装是舞台服装设计的依据，即使不是完全写实，也是创作者借鉴的蓝本。因此，舞台人物造型具有很强的技术性，需要其设计者不断进行深入观察、学习才能得以应用。一个角色的完美呈现，需要强有力的技术支撑，需要通过绘画、立裁、塑形、缝制、刺绣、面料再造等技术手段才能充分塑造体现。以《赵氏孤儿》为例，（如图3-3）

图 3-2 学生作品中国古代服饰

图 3-1 学生作品《无题》

第三章
人物服饰造型设计构思

其中主要人物的服饰整体造型采用了绘画着色、立体裁剪的手法，去营造服饰的色彩基调氛围，传达戏剧氛围，同时追求服饰与人体之间的造型美感。

舞台人物造型设计是以剧本为载体，深入剖析剧本情境，挖掘人物内心思想，再赋予主观设计的二度创作。在戏剧领域中，表演艺术处于中心地位，所有的演职人员都是为了演出效果而服务的。因此，一方面，舞台人物造型设计也服务于演员表演，其从属于表演艺术；另一方面，舞台人物造型设计和其他舞台艺术一样，既是空间艺术，也是时间艺术。戏剧需要在特定的时空中展示事件发生的时间、地点和情节，向观众传达剧情内容。由于戏剧演出的条件限制，在表现手段和艺术形式上具有假定性，而舞台人物造型所要表现的生活时空具有无限性，为了在有限的演出空间与时间实现舞台创作，就形成了有限和无限的交融。因此，在所有演出中，设计者都要借助时空本身存在的假定性因素或直接采用假定性艺术手法，作为由现实生活时空转化为演出艺术时空的桥梁。

综上所述，舞台人物造型设计具有假定性。在符合剧场条件下服务于戏剧演出，承担塑造角色形象的假定与"真实"，我们称之为戏剧服装的假定性。服饰作为角色外在的形象符号后，从传统意义上讲，对服装的要求失去了"合身""美观"等判定标准，而符合角色身份和假定情境的处理方式更能体现真实的艺术效果。此外，舞台人物造型还受到舞台空间、人物关系、演员形体及灯光等舞台因素的制约，不具备自由性。比如，一组结构夸张的黑色前卫造型，当置身于黑丝绒天幕的舞台时，这组服装无异于隐没于黑暗之中。

二、舞台人物造型设计的功能

舞台人物造型在创作中，不仅能够改变演员的外在形象，更重要的是可以帮助演员塑造角色，烘托演出的气氛，营造出富有魅力的视觉形象，从而提升戏剧的艺术价值。演员作为戏剧的核心，其形象塑造是否真实与完善、是否被观众接受和喜爱，是舞台造

图 3-3 《赵氏孤儿》剧照

型设计的重中之重。可以说舞台人物造型设计直接影响整个舞台美术设计，甚至是演出成功与否的关键所在。在演出中，一名合格的人物造型设计者应具备以下五种能力：

（一）塑造人物形象

根据剧本设计角色形象是人物生活化的艺术再现，塑造人物形象为实用性功能，也是舞台人物造型设计的首要功能。严格地进行二度创作后，人物的造型设计不仅可以准确地体现出角色的年龄、身份、民族、职业等外在特征，还可以深入展现人物的内心喜好与性格气质，并能够附和戏剧的主题、矛盾、规定情境和艺术风格等方面。

（二）表现动作发生的环境和地点

人物造型设计可以表现和反映事件、动作发生的环境和地点，人物的外在形态能够直观地将剧中人物的背景信息传达给观众，通过视觉的传达让观众在演出开始就大致了解故事发生的情节与时空转换，增加剧情发展的连续性。

（三）创造和组织戏剧动作空间

在转场或幕间更换人物造型可以巧妙地反映出剧中时间和空间的转换，人物造型的转换是最常用的表演方式之一。在舞台美术设计的创作和演出构思中，这种方式被频繁使用，以帮助演出创造和组织戏剧动作空间。

（四）创造格调和氛围

通过人物的服装和面部妆容、发饰等可以塑造舞台整体的视觉感受，强化戏剧氛围。比如，暖色调的服装配以夸张的头部造型可以用来表现喜剧，反之亦然。这只是一般规律下的造型设计，不同形式的演出格调与氛围不同，也不排除采用一些逆向思维的表现手法等。

（五）揭示戏剧思想

在演出中，人物造型所设定的人物倾向以及设计师塑造角色时所表达的设计思想可以帮助导演传达剧本要表达的主旨和思想，通过服装的颜色、材质及发型、妆容等多方面因素展现角色外在与内在的转化，烘托人物性格，以充分地揭示戏剧的主题思想。

第 二 节

舞台服装造型设计

在进行设计之前，必须清楚关于戏剧创作的整体设计风格和设计样式的问题。只有设计方向与制作过程清晰明了，每一步的工作才能有的放矢。

一、设计风格

舞台服装的设计风格一般可以从两个视角去看，即呈现风格与创作风格。

（一）呈现风格

指艺术作品在完成阶段所表现出典型的、具有代表性的独特面貌。也就是说，每台戏剧的人物造型都有自己的特点，每个设计师都有其个人风格；但是在戏剧影视作品中，人物造型的最终呈现风格必然是其个人风格与戏剧影视的创作风格的统一，最终呈现并表达出独有的设计感观。（如图3-4）

（二）创作风格

创作风格是艺术家在创作过程中表现出来的个性化的、具有特色的风格。因为设计者的生活阅历不同，导致其思维方式、文化艺术素养、思想气质也大不相同。"一千个读者心中有一千个哈姆雷特"，每个设计者在阅读剧本后对于剧本的理解和体会都不一样，因而设计者在处理题材、确立主题、结构布局、塑造形象、处理手法和运用语汇等艺术表现方面各不相同。即使是同一设计者在不同的阶段进行相同剧本的创作也是如此，这些创作也会因为时间、阅历以及对生活感悟的不同而有所区别。这些不同点便形成了风格各异的作品，同时也体现出了创作者的个人风格。

舞台服装造型作为舞台美术的组成部分之一，其风格直接影响演出的整体风格。在戏剧影视作品中讲到服装设计风格时，我们必须首先了解创作的整体风格，服装设计风格只有做到与总体风格相匹配、相协调，才能做出符合演出需要的好的设计。

（三）在风格中寻找造型设计的出发点——元素

想要确定一部戏剧的风格，首先要通过搜集大量形象或意象化的资料作为创作元素，之后确立想要使用并符合整体戏剧风格的元素，最后将搜集的元素集合并梳理为意象化看板，通过看板完成从整体到局部，再从局部到整体的设计。

我们常被一些看似不经意的事物、声音、表情打动，如一块粗粝的岩石、潺潺流动的溪水声、天空中那朵静止不动的云等，这些元素充斥着我们的感官。总有一刹那，我们会被这种感受俘获。这种状态带来的感受可以作为触发人类感官与心灵的一种元素，对于设计者而言，无疑是给予了他们一支神奇的画笔。在艺术领域，这个元素我们可称为"灵感"。灵感是创造的先知，是艺术的灵魂，是设计师形成创造思维的一个重要过程。捕捉元素、找寻灵感是艺术家成功的基础。草木、动物、童话、爱情、符号、明星、百姓、摇滚乐、衣食住行等元素出现于自然中、生活中、文化中，无不成为设计者创作的源泉。而在充满虚幻与诗意的舞台上，视觉的表达也不断地通过各种元素的融合与创作而激发着设计师的表现力与创造力。

搜集元素是创作的第一步，看似信手拈来，但绝不是把随便拼凑的元素融合到创作的作品中就能够打动人心的。搜集适合的元素是设计迸发光芒的关键，是创造者不断思考和表达的武器。如何表达喜悦、阐释哀伤，如何体现自然的静谧和提炼台上舞者的空灵之感，如何利用元素以艺术的方式将实际形象展现出来，都需要设计师去选择、思

图 3-4 魔幻题材学
生毕业设计作品《我
的征途是星辰大海》

考并将其借鉴到造型设计的表现当中，以艺术思维去加工概括，通过特定的工艺、手法去培养释放元素的潜力。

作为舞台服装造型的设计者，应在力求人物造型能够辅助导演创作、塑造角色形象的同时，帮助演员表演以及与其他舞台美术部门配合，使舞台人物造型履行其功能性；最后，通过服装、化妆的视觉符号，揭示时光流转、人物性格、情绪变化抑或是气氛的烘托等，积极向观众传达信息与设计概念，表达戏剧的个性与风格。

（四）元素表现形式

对于元素的借鉴，首先要从剧本、导演构思、舞台美术设计中寻找灵感，接着从生活环境、现实社会、人文艺术、历史时代等背景中寻求造型设计的语汇。这种元素也许是荒诞冲突、没有逻辑的，但我们可以从各种现象和事物中提炼出形式、色彩、材质等造型要素，并运用一定的艺术手段将其转化为服装语汇。也只有通过这些灵感的来源，用创造性的思维进行构思，我们才可以设计出优秀的舞台人物造型作品。

服装造型设计最初的设计构思都体现在设计草图上，无论是利用绘画、拼贴，还是摄影或综合材料制作等方式呈现的草图，无不体现设计的思路与出发点。在草图阶段，设计者往往需要寻找大量资料，深入归纳总结，发现其中最适合的主题或剧本角色的元素。确立了借鉴的元素，将其"转换"为图纸是设计者接下来要面对的课题。那么面对主题，就需要思考以何种创作语言来阐述作品的整体风格，使其流畅又恰如其分地表达视觉语言与张力，思考如何利用搜集的素材资料寻找灵感元素。

二、舞台服装设计元素的借鉴

舞台服装是艺术与审美的统一，是"实用"和"美学"的结合。舞台服装的假定性与功能性是其塑造角色、辅助表演的先决条件。遮衣蔽体，这本是服装的实用功能，如在蛮荒的原始社会，适当暴露又似乎必不可少；而在帮助演员塑造一个成功商人的形象时，一条笔挺的西裤肯定比一条破牛仔裤要增色不少。"美学"在舞台服装的概念中有着多重的标准，古典的美、恬淡的美，繁复绚丽的美、简约空灵的美、写实逼真的美、虚幻假定的美……一部具有美感的舞台服装作品，是服装结构与空间、材料与肌理、色彩与图案等要素精心设计的总和，是对设计元素的深入理解和完美运用。

正确选择设计元素是对作品主题的认识和理解，是造型表达的依据。那么，怎样找寻适合的设计元素，并在设计中结合实际去创造性地运用到作品设计中，这对设计者而言是学习的重点。通过一些成功的案例，我们可以发现借鉴的元素通常经过联想、重组、物化等手段运用到服装设计中，使作品被赋予了更丰富的生命力与感染力。现代艺术设计可借鉴的元素有很多，或者说只要我们需要，并有能力进行设计，任何一种元素都可以作为造型的出发点，将其拓展、丰富与表现。那么，我们如何认识舞台服装设计中的元素借鉴呢？下面我们将从服装设计的造型要素——结构、材料、色彩与个性四个方面分析，概述元素借鉴在舞台服装设计中的作用与意义。

（一）结构

服装结构，即服装的轮廓外形。从几何角度，我们可以将服装轮廓描绘成筒形、梯形、圆形等，这是一种线条的提炼与勾勒。服装结构即以身体作为原型的款式，将面料以各种几何形态通过工艺手段予以加工。

我们在设计一件服装的结构时，有时可从一座建筑中寻找灵感，使服装的线条简洁立体；也可以积木为元素，将腰身的比例夸张化，用线条切割原本对称的结构；还可以盛开的牡丹为元素，以形体为枝干，利用层层叠叠的衣褶如花瓣铺撒开来，打破原本上衣下裳的服装制式。由此我们可以发现，想要在服装的结构与空间的组合中塑造形象、张扬个性，往往需要设计者在构思服装款式时对应用元素有新颖的设计与重组。服装结构的元素借鉴往往取意于线条、形态，是将意象、神韵、精华融入服装结构或细节设计当中，可以模拟、夸张、借鉴和提炼，这便是元素借鉴的精髓。

舞台服装设计元素要根据剧中人物的需要，包括剧本设定、时代限定、导演风格等做出筛选，并且选用元素本身要具有鲜明的特点和扩展、延伸的可行性，符合剧本所要表现的风格。例如，设计一部以中国传统文化为背景的戏剧服装时，中国元素往往会成为贯穿舞美设计乃至表演方式的一条主线，服装结构的形制也要符合中国历史及特定的服装制式。即便模糊了朝代背景，根据导演要求贴近现代时尚，也需要采用具有代表性意义的宽袍大袖、斜襟右衽的古装元素。这时，设计的思路不能直接运用或局限于传统服装样式，而是需要提炼细节并借鉴中国韵味的元素，将如传统服装图案、盘扣等元素融入服装设计当中，将灵感元素化为点、线、面的表现方式在服装结构中铺展开来。

（二）材料

舞台服装的材料表现可谓多种多样，并不局限于生活服装的材质。各种意想不到的材料被设计者运用到了舞台服装的表现中，如铁皮、稻草、纸张、塑料、麻绳乃至光、电等元素，到了设计师的手里就成了其设计的元素。舞台服装的特性决定了服装材质的多样性，不同材质的属性可以帮助角色塑造形象。如富有的国王、贫穷的农民、邪恶的巫婆，甚至是一只猫，面对各种各样的角色，选择能充分表现角色特征的材质是设计的重要环节。根据材料的肌理与质感传达给人的感觉，可以使设计更贴近角色，也可以使之与剧目巧妙融合。因此，合理运用材料元素去创作和丰富作品是一个设计者需具备的才能。

材料的肌理与质感是视觉传达中不可或缺的部分，它将设计稿中的二维图形转换为多面的体块。材料的借鉴和使用，要建立在对材料特性的了解之上。例如，掌握常见材料的基本特征，光滑与粗糙的材质给人以华丽和沧桑的感觉。舞台服装造型其实是通过命题方式，要求设计者寻找具有代表性的材料以表达不同的主题，发掘造型上的表现形式。多元的肌理材料与造型之间的协调美感是设计中至关重要的环节，材质是造型的载体，也是造型的表现语汇，舞台造型设计上要求我们重视视觉语言的新颖、准确和夸张。由于材料种类繁多，效果各异，不同的材料质感和肌理需与各自不同的造型相结合，使之互相交融渗透，这样才能达到设计与材质的协调和统一。比如，想让简单的造型具有丰富的立体感，我们可以把质感和肌理突出的材质结合在一起，展现强烈的视觉冲击力，从而突出造型的立体感。相反，材质单纯、细腻的材料则可以应用到造型夸张多变、结构复杂的造型当中。由此可见，材料元素的借鉴与服装造型及色彩互相搭配的关系，已成为贯穿现代舞台服装设计构思过程中的主线。

（三）色彩

服装色彩设计是服装设计中不可缺少的部分，但舞台服装设计中对色彩的设计与借鉴不同于时装设计。服装的色彩往往先取决于剧本构思、人物性格、环境背景、舞台美术设计等要素。舞台服装的色彩可通过整体颜色布局的变化以及所处环境而配色，使服装色彩从整体上达到和谐统一的美感。但需要注意的是，服饰色彩所传达的视觉意义是否可以突出人物性格、贴合时代背景，抑或与环境氛围相融合。所以，舞台服装的色彩借鉴需要搜集大量素材，积极与其他视觉部门沟通配合；也只有这样的设计才能够成立，并具说服力和生命力。

戏剧是冲突和矛盾的综合体现，所以舞台服装色彩的借鉴要在表现上维持整体平衡，更需要围绕戏剧冲突去展开对比。从以往的演出经验来看，色彩的情感属性对角色造型的塑造有很大影响。现如今对于舞台服装中色彩的运用手段，我们可以归纳为以下四种：

1. 统调

一部剧中有许多色彩倾向的服装出现，为取得视觉上整体而统一的效果，用一个主色调来统筹支配全体服装用色，使服装色彩达到和谐统一的配色方法。其中统调可细分为色相统调、明度统调、纯度统调和面积统调等。

2. 强调

强调是指在服装配色中用色彩的对比或明暗等属性，重点突出造型的某个部位，使之成为观众视觉中心的方式。强调可以很好地突出设计意图和重点部位，使观众一下子就能抓住人物的关键特点。

3. 节奏

色彩的节奏主要是指色相、明度、纯度、形状等的变化和反复，重复引导人的目光而产生的秩序性和运动感。我们现已知道色彩的形状、明暗、浓淡以及色相等的渐进变化会产生阶段性的节奏，色相、明暗、强弱等的变化和重现会产生连贯性的节奏。这就像服装面料上某些图案有规律的变化、重复以及连续变化等都可以产生一定的节奏感一样。因此，不同图案及色彩间的反差随大小不同，所产生的节奏感也必然不同，其在服装造型中所起的情感表达作用也不相同。

4. 分割

若色彩间的对比由于过分近似或过分强烈而产生不协调的效果时，可在两色间交界处用其他色分割，这种用于两色之间的颜色我们称为"分割色"。

在舞台上，服装色彩除了要与舞台调和之外，还要与光色的搭配相配合。所以在考虑服装与舞台灯光相搭配时，我们需要注意并遵循以下原则：服装的颜色偏于灰色，比较易染色；颜色偏于间色，比较易变色；颜色低饱和度，比较容易染色与变色；颜色偏于粉色，更易于染色与变色；偏薄、偏松散的服装易透光透色；厚又松的服装表层容易有集光和集色感。

（四）个性

元素的借鉴，重要的是其流露的内涵。合理的元素组织能使设计作品呈现出不一样的视觉美感。这就需要我们在元素借鉴时，感受元素的"个性"，做到"有法可依"。每个元素的个性要帮助我们组织画面中的造型、色彩、肌理等要素，使之为设计主题服务。

戏剧服装从形式到功能都有其特殊性，对剧本风格的把握、对角色的塑造与舞台美术及灯光的协调，无不使得戏剧服装的形式更为多样和富有创新精神。所以对元素个性的了解及运用对设计师把握风格、塑造角色、协调舞台起到了决定性的作用。

第 三 节

阅读和分析剧本

　　剧本是一剧之本，把故事呈现在舞台上的每一个创作部门都必须一切从剧本出发。舞台服装设计师在拿到剧本时，通常应了解此剧本的作者，了解作者生活的地域、年代、当时的社会背景等。这样能利于了解剧本中的情节，理解剧本的年代背景。所以设计师应熟读剧本，只有对剧本达到一定层次的理解，才能与其他创作部门沟通创作思路。这是作为服装设计师进行创作的前提，也是其工作的特点。

一、阅读剧本

　　剧本是最原始的一手资料，是一切演出的根基。从剧本中寻找信息可以明确服装的细节，这类原始信息在服装设计时必须遵守和体现，而有的信息则是可作参考，也可作选择和变化。从品读剧本到呈现演出，整个过程经历了各部门的二度创作，导演的总体构思、演员的人物塑造和其他创作部门共同营造出舞台特定的戏剧氛围。从整体演出创作的角度出发，服装设计师应该在阅读剧本之后和确定方案之前，向导演陈述自己的全部设计构想。因为在舞台演出中，导演通常是艺术创作的总平衡人，作为设计师应从初始便保持与导演沟通，听取导演的创作思想、总体的处理手法、具体的表现方式，必要的沟通可使双方的创作思想容易达成共识。

　　一切演出都是将剧本文字转变为情景的再现，因此情节的铺展，情节中人物的展现以及人物之间的矛盾、冲突都源于剧本。所以作为设计师去进行二度创作，必须要深入了解剧本，从剧本中提取有用信息。一个鲜活的角色呈现在观众的眼前，并不是遵循规律或是生搬硬套就能为人所接受的，而是要贴近剧中环境，在透彻研究剧本后，将剧本自身独有的人物设定创造出来。

二、人物分析

剧本中的人物是构成情节的主体，故事中的主要人物、次要人物是构成情节发展的关键，每一个角色在环环相扣的故事中都是线索。服装设计师在分析剧本时，应针对每一个人物认真分析，从外在形象特点上挖掘人物的内在心理特征。这不仅有助于观众了解人物，还起到了烘托演出氛围、推动情节发展的作用。所以分析人物是设计师二度创作首要的也是最主要的步骤之一。在分析人物的过程中，我们需要注意以下三点。

（一）人物性格

人物性格主要体现在剧中人物之间的接触、交谈中，剖析此人物的矛盾冲突和性格就要从剧本的字里行间中深入挖掘。这是对人物塑造的前提条件，只有这样，创作出的戏剧角色才是有"真实灵魂"的，也是"有血有肉"的。

（二）人物关系

人物相互间的关系是构成戏剧情节的要素之一。设计者需要从剧本中挖掘人物之间的关系，从多角度来分析和评价每一个人物的内在形象和人物关系。这样在造型设计中利于设计者协调人物整体间的造型关系，从而设计出符合环境气氛和人物特性的视觉形象。

（三）角色场次变换

场次的变换，往往表示时间地点的转换和年代季节的变化，可以表明故事情节转换的一种状态，所以设计者应注意剧本中关于场次的描写，其中往往涉及人物年龄转变、季节变化、人物性情变化以及在服装变化上的暗示等。

素　材

一、素材的定义

素材是指从现实生活中能够搜集到的、未经整理加工的、主观感性的、分散的原始材料。这些材料可能来自各个领域，经过设计创作或许在最终呈现的艺术作品中并没有明显的体现，但是其经过融合、提炼、再造之后，已被设计者构成作品元素的一部分。

二、素材的类别

在戏剧舞台创作中，素材主要包括文字素材、图片素材、音乐素材和多媒体素材等。

文字素材除了指文学剧本之外，还包括导演阐述、剧本分析等原始文献、历史人文背景资料等，是设计者提炼历史背景、题材主题的基础。文字素材来源往往零散局部，但作为设计语言的佐证，需要设计者对其进行整理、提炼、加工、拓展，并与其他素材相结合，从而更好地为戏剧创作服务。

图片素材是人们常用的资料来源，是直观的信息传达方式。图片素材分为两类，一类是包括艺术画作、海报、照片、工艺美术等的图片类原始材料。例如，在考证秦汉时期的服饰特点时，最有力的资料素材除了历史文献等的描述外，最直接的就是出土的同时代雕刻、壁画乃至考古发现的实物资料，可以提供给设计者客观写实的资料信息。另一类图片素材是指作为艺术设计者创作过程中产生的图片、书画创作类草图。可以理解为，草图、草稿是对原始图片素材的再创作，也是设计成稿过程中的创作积累。

音乐素材是指人们通过乐曲或词曲所产生的情感共鸣，这种共鸣所产生的视觉创作灵感为造型创作提供了更多的可能。

多媒体素材主要指可为造型设计提供设计灵感的如数字影像等的视频材料。随着现代科技在影像投射中的应用，多媒体等数字媒体已融入生活和艺术领域的方方面面。在戏剧舞台中，多媒体素材所提供的动态影像和声、光、电的组合打破了原本的表演空间，为创造更鲜活、生动的视觉形象提供了新的发展方向，也将造型设计的概念延展开来。

三、素材的延展与创意表达

面对一个课题、一部戏剧、一组角色，怎样创作是设计者始终需要面对的问题，也需要设计者在整个创作过程中保持思路明确。草图绘制是对素材的整理、利用的初步检验，随着创作的不断深入，形象设计会越来越具体，这时丰富的素材积累是丰满作品的有力支持。这个过程可以初步培养设计者的基本素质——如何计划、如何开始、如何推进，以及如何去复盘和整理这个过程，从而去认识、发现有价值的工作方法。

此处的"表达"是视觉化的创作行为的训练，也是对创作过程进行有效规划的学习。它不一定是直接的设计，更多的是自我创作的过程，也是挖掘自我的过程。我们将之分为如下两个阶段：

第一阶段，搜集素材。旨在能够发现问题，并能自主地找到解决问题的语言或途径。第二阶段便是素材之上的"提炼"——运用手绘等表达方式，将提炼的"概念"在设计图像中创造性地体现出来。在这一阶段，手绘草稿的积累也是梳理、表达的过程，同时也是对动手能力的训练。草图是在平面素材类别中讲到的关于素材再创作的画稿，是利用各种形式对原始材料进行艺术加工的过程，如同创作的进阶模式，即先由搜集素材开始，寻找表达语言，然后进行构思、绘制草图，再根据草图、结合各种素材，一步步完善作品，可以说草图的积累也是一种创作思路的素材。

草图的绘制多采用手绘，既快捷又直观，可迅速地捕捉灵感。人物服装设计在平面绘制阶段，其视觉形象多采用图形语言来表达。手绘可以将设计语言以图形的方式进行表达和与人沟通。

第 五 节

舞台服装设计步骤

一、精读剧本

精读剧本是设计工作的第一步。众所周知，剧本创作属于一度创作，从事二度创作的舞台服装设计工作者应按照剧本所给予的条件进行创作。阅读剧本是设计者对作品的文学风格、艺术语汇、创意主旨的初步探索。设计师在阅读的过程中可以将剧中人物按场次进行排序和分类，对主要角色、次要角色、非次要角色等进行数量与质量上的配比。针对主要角色的性格特征和形象特征有自己初步的认识和理解，以便在下一步的阐述时捋清自己的设想，把理解的独到之处与导演交流，帮助演员更好地塑造角色。

另外，在戏剧舞台演出中根据剧情和导演编排，演出可分为独幕剧和多幕剧两种。阅读剧本可以使设计师在设计之初就清晰设计方向。由于独幕剧和多幕剧在设计思路上有很多不同，所以阅读剧本可以了解是否有场次变化、人物是否需要变装、时空是否转换，为设计提供方向。

二、导演阐述

对于导演来说，进行剧本阐述如同指挥员在分析战略形势和部署战术方案。导演不仅要阐述整体构思、作品风格和表现方式等一系列构想，还需要针对剧本的时代背景、史实依据、演绎过程进行详尽分析，对作品的主题立意、戏剧情节的发展做总体计划。同时导演需要对演员、舞美、道具等各个部门提出要求，督促各部门在创作协调统一的前提下提出自己的设计方案。比如，在舞台服装造型阐述中，就需要服装设计师对作品中主要人物的性格特点、生活经历、人物关系总结分析，并提出有适合整体剧情的设计方案。

从舞台服装设计的阐述角度而言，我们首先需要和导演确定演出是否为多幕剧，之后根据剧目需求阐述设计思路，合理规划人物造型任务。对于人物服装的设计思路可分为如下两种：

（一）独幕剧人物服装设计

独幕剧全剧情节在一幕内完成，篇幅较短，情节单纯，结构紧凑，人物角色较少，剧中人物关系多清晰直接，且往往不需要换装。独幕剧要求戏剧冲突迅速展开，短时间内形成高潮，达到一定情节高度后戛然而止。所以独幕剧结构紧凑，很少出现时空转换，在设计独幕剧时要注重人物在舞台上的视觉观感和整体性。

独幕剧人物服装设计往往需要设计师在效果图中充分体现其设计理念。在构思和案头作业阶段，设计者需要将素材和灵感以图画等二维方式组织到画面上。

（二）多幕剧人物服装设计

戏剧舞台上大幕启闭一次为一幕，大幕启闭两次以上者即为多幕剧。与独幕剧相比，多幕剧通常篇幅长、容量大、人物多、剧情复杂，宜反映丰富的社会生活。多幕剧剧情发展的每一幕之内又可分为若干场，一幕标志着剧情发展的一个大段落，而一场则表示大段落中时间的间隔或场景的变换。所以在多幕（或场）剧中，人物服装设计要注意时间和空间的转换，以及幕与幕、场与场之间的关系。相较于独幕剧简洁清晰的人物关系，多幕剧的角色数量多，设计多幕剧的服装时应注意以下四点：

第一，戏剧服装设计要保持整部戏的造型风格统一，确定造型元素后再进行创作。在现代戏剧演出中，许多舞台设计颠覆了传统的美术样式，服装设计也不再遵循原有的理念，开始大量融入不同风格，但其风格仍要以某元素为依据，去拓展、融合、统一人物造型的风格。

第二，多幕剧舞台服装要注重角色规律，不能使演员脱离角色。"以貌取人"在戏剧中是成立的，服装可以把演员变成国王或鬼魂、农民或将军、贵妇或妓女。例如，一个农民不应穿比国王还精致的服装，佣人不能穿得比主人还讲究。这些规律从生活中来，却并不是死板、一成不变的，需要设计者把握所塑造人物形象的灵魂，去发掘和体现。

第三，多幕剧舞台服装应注意舞台上时间及空间的转换，符合人物心理及环境的改变规律。所以多幕剧服装设计的重点在于对每个场次演员所需的服装要清晰明了，保证符合情节发展与角色转变的需求。

第四，多幕剧要注重色彩的协调性。多幕剧中角色繁多，人物关系复杂，在服装设计的过程中应整体把握，不要局限到细节或单个人物身上，款式和色彩都需要根据整体环境来权衡，服装颜色对比太强烈或太弱都会影响演出的整体效果，使观众产生视觉上的不协调感。

三、收集素材

戏剧艺术来源于生活又高于生活，艺术创作是对生活的提炼和升华。进行创作之初，设计师必须通过各种渠道进行资料的收集与汇总。对于生活的提炼有两种方法：一是直接体验，按照剧本所描述的时间地点进行生活的可行性复原，如考察生活、采访、写生等，通过这些活动直接参与体验，得到亲身感受，从而进行创作；二是间接感受，通过网络、报纸、书刊、旧照片等元素进行各渠道的资料收集，掌握更多有用信息，以帮助剧中各个人物的整体造型设计。

资料的收集对于设计工作的顺利成功开展至关重要。设计师只有认真严肃地收集素材，本着对社会负责、对观众负责、对角色负责的态度，才能创作出尊重剧本、尊重现实生活、尊重历史事实的优秀作品。唯有收集更多的相关素材，才能给予设计者更多灵感去创作出有新意的设计作品。

四、艺术构思

艺术构思是创作的中心环节，是设计师对剧本、导演要求以及生活素材进行提炼、加工、思维创作的过程。在艺术构思这一阶段，设计师需要做大量的筹备工作，一般而言，构思阶段需要明确以下四个方面。

（一）明确创作风格

对于戏剧创作，设计师首先要针对作品明确自己的创作风格。通过对各方面的深入探讨，确立适合戏剧的艺术风格，是现实主义风格、浪漫主义风格，还是未来主义风格等，最后根据确定的风格对服装人物造型进行进一步创作。

（二）确立戏剧服装形式

在确立创作风格之后，设计师需要确立戏剧服装的形式，即形象样式。在写实类的戏剧影视作品中似乎看不到有服装形式的存在，主要是因为这类戏剧服装以贴近现实生活为主。它们因人而异、种类繁多，颜色款式又无定式，似乎无形式感可言。但这些恰恰是此类戏剧服装所呈现的形式感——一种散杂游离的状态，也就是无定式、多变化的状态，影视、话剧等多属于这种形式。但即使是无定式的创作也仍然可以在服装设计上追求形式和表现方式。比如，在我国的东北地区，冬天由于天气寒冷，人们穿戴比较厚重臃肿，这种形象在视觉上带有饱满、厚重的体积感——设计师可以利用这种特征加以强化，将人物形象设计成独具雕塑美感的形式。所以，从专业的角度来挖掘研究看似平常的事物，并从中有选择地利用，即使是现实风格也可以有来自生活无处不在的形式美感。此外，比较独具特色的造型形式在舞蹈、舞剧、非写实风格的作品中也常能见到。如华美瑰丽的形式、梦幻迷离的色彩、飘逸轻柔的体态、怪异多变的结构等，这些都可以作为确立服装形式的方法和手段。

（三）规划整体服装色彩基调

对于一个独立呈现的、不需要主题环境衬托的人物造型，如舞蹈、曲艺、演唱、演奏、主持人等所使用的服装，其色彩基调在确立之前一定要了解舞台美术、影视美术设计的总体基调，并进行沟通协调。服装色彩基调的规划要着眼如下三个方面：

1. 规划全剧整体色彩基调

戏剧影视服装根据不同的内容、形式和风格会出现多种色彩基调的选择，如怀旧复古基调适用于史诗剧，朴实浑厚的基调适用于战争剧、农村剧，清新明快的基调适用于现代剧、儿童剧，玄幻多彩的基调则适合于神话剧、魔幻剧等。因此对于服装造型而言，首要任务就是确立整体色彩基调。

2. 规划色彩明暗的分配

在实际应用中，服装色彩的明暗主要由面料固有色彩的明暗决定，也会由光照的颜色影响来决定。服装色彩的明暗要根据戏剧情节、戏剧节奏、舞台需要和人物需求来确定，色彩明暗较好的配合必将会使人物形象有韵律、层次和视觉冲击力。

3. 规划演员服装的色彩分配

演员服装的色彩首先要看角色的需要，要与人物的身份、年龄、职业、性格相吻合，同时还要注意同台出现的人物在服装之间的色彩关系。另外，人物所处环境色彩与服装造型色彩要协调统一，要将服装看成一幅绘画中的色彩元素，始终与舞台密不可分。一部戏剧中好的人物色彩搭配会使戏剧影视的画面感和氛围增色不少。

（四）构思服装表现手段

服装在设计构思过程中还需要考虑服装的表现手段，因为它将最终体现于设计师的作品风格中。设计师应了解并利用工艺、材料、剪裁等表现手段，创造出天马行空的造型形象。艺术的表现手段是需要经过学习、探索、体验等长时间的总结概括而得到的。在造型艺术中，设计师不仅要画出效果图，更要清楚如何将它们制作出来。因此需要服装的表现手段在构思中萌发，在创作中完善，在制作中得以体现。设计师所采用的各种艺术手段的目的是帮助演员更好地塑造形象，不能因为造型手段和方法的不当而破坏整体，给演员带来表演负担。所以，设计师必须认真审慎地思考如何运用恰当的表现方式，也只有这样才能创作出好的作品。

五、了解演员与角色

在创作工作的前期，尽快了解演员的情况是非常有必要的，因为熟悉演员就能够有针对性地让设计的形象与演员接近。角色需要设计者熟悉演员的年龄、身高、气质、体型、肤色等基本形象条件，尽可能找到与剧中人物的相似点和不同点。明确演员身上需要展示的是什么，需要弥补和掩饰的是什么，通过与演员的接触了解他们的形体与动作习惯、面部特征和表情等，有时甚至需要了解他们对造型的审美态度，并且和他们一起分析角色情感及剧情。在用尽一切可能的情况下，为他们创造从外形到内心能尽快贴近角色造型的契机。

六、绘制服装效果图

设计效果图的主要功能有两个。

（一）艺术功能

即为主创人员、演员提供完整的人物视觉形象，方便主创人员根据设计图来审视全剧的风格是否和谐，为创作人员提供综观舞台视觉的具体形象。好的设计效果图可以升华人物的创作，启发导演和演员的创作灵感。

（二）实用功能

效果图需要描绘出人物的整体形象及角色状态，这就需要表明人物在戏中所需要的服装、佩饰等具体的形象，包括服装色标、面料、纹样等诸多细节，为之后的服装制作做准备。对于技术制作部门，效果图是制作阶段的主要参考，每一处结构及细节都为制作提供参考依据。效果图越详尽清晰，其制作出的服饰越能还原设计者的思路，也决定着设计与体现的方式是否合理、正确。

和其他造型艺术门类一样，服装设计效果图是以点、线、面为基础，配合色彩、纹样等要素，选取适合的材料及工具来创造的平面形象。与绘画不同的是，人物造型的重点要表现的是人物服饰及角色着装以后的最佳效果，所以舞台服装效果图以追求造型形式美感为主，目的是突出剧中人物性格的形态和神态。需要注意的是，效果图除了具有欣赏性之外，还应重视它的合理性，也就是说，每一个线条、颜色都应该准确明了。所以，对于效果图的结构线、装饰线、色彩、图案佩饰等都要做到简洁明了。

在效果图的绘制方法上，由于设计师的绘画水平、绘画技法及追求效果不同，所产生的画面效果也因人而异。但还是要与作品气韵、格调、氛围，人物的性情、气质、品行相一致，要将所有的表现手法建立在"实用"的基础之上。

第 六 节

舞台服装人物造型设计风格的分类

一、写实风格

写实风格是在客观地观察生活和事物的基础上，采取现实主义的原则，将生活中的原貌或典型构建到作品中来，按其实际状态和样式来创作的一种设计风格。

在戏剧、影视艺术作品中，写实风格是最为常见的。因为直至目前，我国戏剧、影视的创作多奉行以现实主义创作原则为主流，尽管在现实主义作品中不乏加入了浪漫、表现、抽象等其他风格的处理手法，但通常情况下，依然以写实风格为主流。

实际上，写实风格的服装对于设计师来讲，并不是一件很轻松的事。因为现实生活给予的选择空间太大，可选取的创作元素也太多，往往又是观众所熟悉和最有理由给予评论的，如果不经过加工和处理就完全从生活中照搬，没有增添任何设计理念，造型就会显得空洞乏味，缺乏新鲜感。因此，设计师的主要任务是：利用现实生活中所提供的素材，根据剧情、人物性格、演员条件、服装整体布局、色彩分配的需要，捕捉、挑选到能为设计所用的素材，经过精心创作、加工、提炼后（能称之为艺术造型），选择出最适合角色的那些部分，加以设计加工再创造，使生活中的真实上升为艺术，创造出高于生活的整体造型风格。

（一）写实风格作品赏析《秦王政》

1. 故事梗概

《秦王政》将视角定格在秦王政（秦王嬴政，史称秦始皇）六年至十年（公元前

241—公元前 237）讲述了从嬴政力破外敌，到五国合纵军、平叛内乱，再到长信侯嫪毐兵变……最终罢黜吕不韦相国之职，为亲自执政扫清一切阻力，嬴政由一位少年傀儡王成长为成熟、坚毅的秦始皇的过程。

2. 剧本分析

（1）剧本整体分析

《秦王政》是一部拟历史剧，讲述了秦王政一统天下的过程，展现了秦王政在统一六国这一时期的性格特征和感情生活，塑造了一个青春活力、领袖才能、道德良知兼具的人物形象。剧中有扣人心弦的惨烈战事和血雨腥风的宫廷政变，也展现了嬴政从一个爱情懵懂的青春少年到内心痛苦又残酷强悍的一国之君的心路历程，让观众深刻地感受到这位前无古人、后无来者的千古一帝的无奈与辛酸。

（2）剧本幕间分析

第一幕：秦王政作为一个新崛起的政治强人，将政治决策与道德相切割。十七八岁的秦王政，在国家危机的情形下，利用法理上的逻辑，以十万秦军战士的死亡强行把兵权拿到手里，使一场大战以惨烈的胜利告终。表现了秦王政在青涩未退的时候，已经具有强悍的气魄。但是他毕竟只是个少年，他的内心依然是敏感而又复杂的。他对自己的做法也感到恐惧与悔恨，但是他没有别的路，只能这样走下去。（如图3-5）

第二幕：秦王政将其他政治人物，包括政治敌人和意见不合者一扫而光，将权力完全集中到自己手里。虽然说集权是走向统一的第一步，但他仍为自己对亲人所造成的伤害和自己的强权产生了强烈内疚感与悲痛感。但这是他作为一个政治强人，将政治决策与亲情相切割的迫不得已的必经之路。（如图3-6、图3-7）

图 3-5 　《秦王政》剧照

图 3-6 　《秦王政》剧照

图 3-7 　《秦王政》剧照

第三章
人物服饰造型设计构思

3. 设计阐述

（1）设计构思

全剧整体人物造型设计从反映历史题材出发，追求厚重质朴、大气沉稳的表现形式。设计灵感来源于战国时期的出土文物，以表现主义的手法，把玉佩、青铜器、兵马俑这些出土文物的颜色、质感、纹样等细节运用到人物造型设计中，服装面料运用了一种堆积材料，以此来着重表现历史的悠远和厚重感。在创作中，人物造型追求冷峻与质朴以及悲怆与凄美，同时将当时的环境、背景表现得淋漓尽致。为表现当时皇宫内外的血雨腥风以及嬴政的帝王之威，剧中以秦朝人们崇尚的沉黑为主色调，配以红色、蓝色以及金色等（黑色表示权力、红色表示血腥、蓝色表示浪漫、金色则表示富丽堂皇）。第一幕中，主要表现的是嬴政的年轻和他的矛盾心态以及宫廷中、社会中、战事上的狂风暴雨、血染遍地，因此，在人物的服装设计上，主要运用藏青色、灰色和鲜红色这种象征青涩、朦胧的色调。到第二幕，

时间、空间以及矛盾冲突发生变化，在服装的颜色上，前几场采用沉黑、金黄和暗红色为主色调，以此来表现人们内心的复杂纠葛与皇权争夺的惨烈状况；后几场则采用白色、灰色这样素雅的颜色，以此来表现当权人物落马后情境的悲惨以及心境的沉浮。

图3-8　嬴政

（2）重点人物造型分析

嬴政：其统一六国后建立秦国，是中国历史上第一位大一统皇帝。开场时，将嬴政的日常生活装束设计为内着黑色的宽袍大袖、外着青蓝色的开襟宽袖长袍，外袍上利用压印的手法，带有战国

图 3-9　嬴政

图 3-10　嬴政

图 3-11　吕不韦

时期纹样的特征显露在服装上,以强化雕塑感和立体感。(如图 3-8)

嬴政拥有过人的胆略、能力和见识,是一个魄力极大的人物,同时又是一个强悍、残暴、自卑的人物,对周围的人怀有警惕心、敌意和反感。当他在军营中领兵时,设计师特意为其设计了一套黑色的有披风的铠甲,在他的铠甲上,用红色的纹样来表现他内心的狠毒以及他的宏图大志。(如图 3-9)但他此时内心是矛盾、敏感而又复杂的。

在南征北战平定叛乱之后,嬴政回宫,其服装又一次改变,这时的他从莽撞青年已经变成成熟的、具有深谋远略的君王。可以说嬴政是可悲的,也是可怜的,到他最后一统天下成为王者,他付出了自己的全部。他宁可牺牲自己的至亲,也要巩固政权,最后为一统国家拼尽了全力。在之后的登基大典上,为凸显他的王者之气,服装上依然内着代表尊贵的黑色、外着一件代表权力的金色无袖短袍,腰间系着印有纹样的腰带以及金色的蔽膝。(如图 3-10)最终嬴政终于拿到了本属于自己的王权,但却失去了身边的至亲,他也感到痛苦与无助。

在最后的场景中,他深感痛苦,内心悔恨、纠结、飘忽不定,在他回顾一生之时,纯黑色的宽袖长袍上压印着青铜纹样,如出土文物。黑色的服装加以黑色的背景衬托,将嬴政此时的凄凉与孤独表现得淋漓尽致。

吕不韦:辅佐秦王嬴政登基,被尊称为"仲父",任秦国丞相,一时权倾朝野。在出场时,内着白色卫衣、外着藏青色的宽袖长袍,领口处有银色的花纹,最外着藏青色的开襟长袍，袖口上也配有花纹，以表现他的诡计多端和身份地位的高贵。（如图3-11）同样，在外袍上有统一的纹样，以表现出土文物纹样的整体服装设计创意（如图3-12）。他企图用阴谋诡计培养一个傀儡皇帝，以利于自己执掌大权，却最终受嬴政集权所迫，自己辞去丞相一职。在最后一幕中，他身着一身白色的宽袖长袍，落寞地游走在宫中，白色的服装表现他的失魂落魄和悲痛欲绝。（如图3-13）他既是自私的，也是卑微的；他既是无私的，也是高尚的。他最初的想法在权力的压制下变成了贪念，最终只得饮鸩自杀。

图3-12 吕不韦

图3-13 吕不韦

赵姬：秦王嬴政的母亲，被立为太后。她是一个可怜之人，没有真正的爱情，被爱人作为追求仕途的工具。可怜之人必有可恨之处，她是丞相吕不韦的旧情人，生性风流、恣意淫乐、肆无忌惮，将嫪毐以假宦官的身份安排在自己身边，日夜陪自己纵情作乐。在一出场时，她内着白色的宽袖卫衣，外着灰色的宽袖长袍，在肩膀和上身压印有金色和青铜色的纹样，以表现她地位的高贵和生性的放荡。（如图3-14）赵姬纵容嫪毐叛变，最终被嬴政收回玉玺，软禁在宫中。这时的她疯了，已经变成神志不清的女人。最后在吕不韦辞去官职和她相遇时，她已经由一个高贵的太后变成了一个颓废的妇人。为表现她身份地位的疾速转变和疯癫颓废，以及她人生的悲惨和可怜，将她的服装设计成白色，在深衣的下摆处染上渐变的黑色，在肩膀的位置，依然有压印的纹样，与全剧统一。（如图3-15）

图 3-14　赵姬

图 3-15　赵姬

嫪毐：赵太后的嬖人，被吕不韦送到赵姬的身边，后被封为长信侯。出身于市井，具有政治上的野心，靠太后庇护而崛起，建立私党，势力逐渐膨胀，爵位、食邑的待遇及地位不断提高，但其劣根性使他在宫内外为非作歹，惹得满朝上下愤懑不堪。嬴政回宫探访母后后，嫪毐出场，为使观众眼前一亮，为他设计了一整套红色的服装，暗红色的宽袖长袍、艳红色的开襟外衫，都是为了表现他的地位，即伪装成太监的太后的男宠，也是为了表现他的浮夸和小市民的虚荣。当然，在他的服装上仍然有统一的压印制作而成的纹样，以表现全剧统一和整体感。随着羽翼的丰满，他也幻想谋权夺位。在秦王嬴政举行加冠典礼时，嫪毐得知自己与太后的秽行及叛乱的图谋已被发现，趁咸阳空虚发动叛乱，但遭到镇压，被判以车裂并诛九族。（如图 3-16、图 3-17）

图 3-16　嫪毐

图 3-17　嫪毐

图 3-18　兰兮

图 3-19　兰兮

　　兰兮：纯真、善良，对于世事抱有信任和纯洁的感情，包括对嬴政的爱慕。因此，在她一出场时，她的服装为一身代表清纯的白色。内穿襦裙，外着白色的深衣，深衣上一抹淡淡的粉色象征她的青春靓丽、活泼开朗的个性。（如图3-18）然而，时过境迁，在她与嬴政再次相遇时，她已由一个清纯、活泼的少女变成了一个已婚、怯懦的妇女，对秦王嬴政毕恭毕敬。这时，她的服装是粗布制成的灰蓝色的半长衣所交掩的曲裾，在她的袖口以及曲裾的下摆处都有蓝色的渐变处理，与剧终时的另外一个女主角赵姬的白色衣服上的黑色渐变相呼应（如图3-19），以显示她地位的变化，表明她现在的身份：嫁作人妇、社会地位低下。

4. 设计图（如图3-20、图3-21、图3-22、图3-23、图3-24、图3-25）

图 3-20 赵姬

图 3-21 嬴政

图 3-22 秦朝鞋履

图 3-23 秦朝鞋履

图 3-24 秦朝鞋履

图 3-25 秦朝鞋履

5. 剧照（如图 3-26、图 3-27、图 3-28）

图 3-26 《秦王政》剧照

图 3-27 《秦王政》剧照

第三章
人物服饰造型设计构思

图 3-28　《秦王政》剧照

（二）写实风格作品赏析《过年》

1. 故事梗概

全剧讲述了一对年迈的父母盼着 5 个子女回家过年的故事。然而，子女们却各怀心事，回家其实也是为了各自不同的目的，这不免令劳碌一年的父亲有些伤感。当人去楼空、一切重归平静，在一片狼藉中只剩下两位空巢老人，相互卷着烟叶，聊以慰藉……

2. 剧本分析

《过年》是一部讲述家庭情感的独幕剧，通过儿女的感情纠葛以及父母对子女的殷殷关切之情，表达当下中国人普遍存在的家庭观、亲情观和人生观。作者借助他们所欲所求、喜怒哀乐的描写，引发人们对当下很多现实问题的思考，如亲情、爱情、人生价值等方面的问题和抉择。

3. 设计阐述

（1）设计构思

剧本描写普通家庭的矛盾纷争，整体创作风格遵循写实主义原则，追求朴实、自然的氛围。根据剧情，将 20 世纪 70 年代的农村过年时的热闹、忙碌的情景艺术地再现在舞台上。人物造型的设计在写实主义的原则下，注重造型的真实性和对比性，针对人物的性格、工作性质以及教育背景的不同，为人物设计不同样式的造型，以此来表现每个人物对于生活以及家庭的态度。其目的在于让观众在质朴的气息中对自己、家庭、人生有所反思和领悟。

（2）重点人物造型分析

父亲：质朴、勤劳的东北汉子，一生倔强，不肯服软，其实对子女有着极其浓厚的爱。在他的服装造型的定位上追求真实感，质地上注重厚重感，以体现过年时东北地区天气的寒冷；款式和颜色上强调质朴感，短棉服的灰绿、棉裤的藏蓝以及西装外

图 3-29 　《过年》剧照

图 3-30 　《过年》剧照

套的蓝黑，这些简单的、纯色系的服装造型可以在第一时间将父亲的勤俭和朴实传递给观众。灰白的头发、深深的皱纹搭配这样一套接地气的衣服，与后面要表达的父爱的深沉形成强烈对比，可以给观众带来强烈的心理冲击。（如图 3-29、图 3-30 ）

母亲：和蔼、慈祥的老母亲，她的一生都在为家庭、为子女，无怨无悔地奉献和付出。服装造型上，我们为她设计了一套喜庆的衣服，暗红色、真丝面料的开襟长袄，藕色的、肥大的棉裤，雪白的、干净的围裙，这样的造型不仅可以直接体现出过年欢天喜地的氛围以及将要见到子女那满怀期待的心情，更可以表现出她作为女人那日复一日的辛劳。（如图 3-31 ）

程志与王梅：大儿子和大儿媳。程志是一名小学教员，窝囊废，为了争先进屈辱伪装地活着；王梅是一家商店的会计，无知、蛮横、俗气，好耍小聪明。两人的服装造型遵循写实主义原则。程志发誓做一个超然的人，对物质生活毫无追求，他是"雷锋"似的人物，他的服装造型定位在俭朴上，绿色的军大衣、灰黑色的围脖，

图 3-31 　《过年》剧照

内里一身蓝色的工装服，这样的工人打扮更能显示他对于形象以及对于生活的随意。王梅是一个自私贪婪的人，对于金钱、地位这些外在的光环极为看重和向往，与丈夫的追求完全相反。因此，她的服装造型定位在庸俗上，暗红色的呢子大衣、艳红色的长围脖，搭配一对翠绿的耳环，极不和谐的两种颜色碰撞，可以直接传递出她的理念——贵的就是好的。（如图3-32、图3-33、图3-34）

　　程荣与丁图：大女儿和大女婿。程荣，房建公司的记工员，怯弱、胆小，在情感的边缘颤颤巍巍地活着；丁图，俱乐部文体委员，大男子主义，装腔作势、自大、好色，各处欺负女同志。两人的服装造型风格迥异。程荣是一个很平凡、很可怜的女人，性格上的软弱使得她对于丈夫百依百顺，生活上杂七杂八的琐事使得她完全不顾及自己的外在。因此，她的服装以自然、普通为主，灰色格子大衣、棕黄色的条绒裤再包上米黄色的头巾，这一身最平凡、素雅的装束将她的柔弱展现无遗。丁图自认为身份高贵，在家人面前摆出趾高气昂的态度，背后说他人坏话，碰到地位比自己高的人，立马装孙子，点头哈腰，是典型的欺软怕硬之徒。因此，为配合他人模狗样的为人，他的服装以时尚、华丽为主，驼色的长款风衣、明黄色的鸡心领背心，黑色西装搭配银灰蓝的围巾，时尚、得体、有风度，这样强烈的外在与内在对比，更加可以凸显他的阴险狡诈。（如图3-35、图3-36）

图 3-32　《过年》剧照

图 3-33　《过年》剧照

图 3-34　《过年》剧照

图 3-35 《过年》剧照　　　　　　　　　　图 3-36 《过年》剧照

　　程远与田歌：二儿子和他的女朋友，都是大学生，但却都活在乌托邦式的理想中。程远干练、帅气，是值得父母骄傲的儿子；田歌清新、靓丽，是高干子女，略微有一丝天生的优越感，举止落落大方，是一个有知识、有涵养的女孩。两人的人物形象造型定位在时尚与靓丽上，他们服装上的情侣颜色为蓝绿色，这一沉稳清澈的颜色的使用不仅表明了他们大学生的身份、接受过新鲜事物的熏陶以及从而形成的与其他人不一样的审美水平，而且更将两人心地的善良与纯洁展现出来。（如图 3-37、图 3-38、图 3-39）

　　程萍与大川：二女儿和二女婿。程萍，房建公司的吊车司机，漂亮、善良，敢于追求自己的真爱；大川，房建公司的架子工，技术能手，从小担起家庭的重担，努力、吃苦耐劳，自强自尊地活着，通过自己的拼搏奋斗，将日子过得比其他人还好。在他们的服装造型上，我们为程萍设计了一系列貂皮貂绒的衣服，以此来表现他们家境的富裕以及大川对于程萍的疼爱和呵护；为大川设计了黑色的皮衣和黑色的长筒马丁靴，以此来表现大川的干部身份、生活充裕以及他因常年经受风吹日晒而形成的狂野范儿。（如

图 3-40

图 3-37 《过年》剧照　　　　图 3-38 《过年》剧照　　　　图 3-39 《过年》剧照

图 3-40、图 3-41）

　　程勇与小凤：小儿子和即将过门的小媳妇。程勇，待业青年，未进社会熔炉，娇生惯养、没有担当，整日依傍父母生活；小凤，待业青年，稚嫩、可爱、活泼，整日无所事事地虚度青春。在他们的服装造型上，我们打出阳光、健康牌，程勇黄绿色的毛衣、漂白蓝的牛仔裤、白色的运动鞋；小凤身上粉色的头夹、桃粉色的上衣以及微喇状的牛仔裤，这些无疑不向观众宣告着他们的年轻与活力。（如图 3-42）

图 3-41 《过年》剧照　　　　　　图 3-42 《过年》剧照

（三）写实风格作品赏析《说谎的人》

1. 故事梗概

风流倜傥的列柳回到了阔别已久的威尼斯，一首小夜曲使他开始计划与实施阴谋。他巧妙地利用深恋着洛莎、既胆怯又不敢暴露姓名的求爱者——弗罗林多，一次次地真挚表白，企图得到洛莎的心。列柳用谎言骗取信任，对身边的所有人说谎，他用谎言向洛莎求婚，在即将得逞之际，弗罗林多战胜了怯懦，勇敢地证明了自己对洛莎的爱，表明一切，这对有情人终成眷属。

2. 剧本分析

（1）剧本整体分析

《说谎的人》是意大利著名作家哥尔多尼的一部经典的讽刺轻喜剧。哥尔多尼认为，喜剧源于生活、源于自然，喜剧只有从"自然的伟大海洋"汲取素材，才能符合生活真实，忠实地反映现实。作者将一个缩小版的威尼斯社会生活展现在剧本中，在愉快轻松的故事情节中，向观众展示了各类鲜明性格的人物形象、跌宕起伏的矛盾冲突……以此来提醒人们，说谎的人终将会被揭穿，所作所为终将会暴露。同时也告诫人们，不管你的身份地位是卑微还是高贵，都要实诚地做人，有所担当地做事，只有这样，才能获得成功。

（2）剧本幕间分析

第一幕：文章开头就将引发一系列事件的小夜曲呈现在观众的视听中，暗恋着洛莎的弗罗林多没有勇气向洛莎表白，只得偷偷地为她演唱小夜曲，而这一机缘恰巧被好色的列柳得知，列柳开始利用各种机会，用谎言欺骗洛莎的心，并以谎言欺骗欧塔维欧，使得欧塔维欧怒火难消，向洛莎的父亲告状。第一幕末，矛盾冲突加强，情节进一步递进，为之后的矛盾冲突作铺垫。

第二幕：矛盾冲突加强，列柳的父亲与医生约定两个孩子的亲事，由于不知道定亲的对方是谁，两人奋力反抗。列柳欺骗父亲已定亲，此时，几封来信揭露了他的谎言；而欧塔维欧在发现被骗后，与列柳决斗。即使在这种时候，列柳仍然假充着面子，继续着谎言。

第三幕：剧中高潮终于到来，列柳的谎言被父亲和弗罗林多揭穿，洛莎和弗罗林多、欧塔维欧和贝雅特丽丝两对情侣终于迎来皆大欢喜的好日子。而列柳也在众人的指责下，认识到自己的错误，并告诫人们不要说谎。

3. 设计阐述

（1）设计构思

《说谎的人》是哥尔多尼与假面喜剧相对抗的剧作。在人物的造型设计上，笔者在深思导演的意图与舞美设计的沟通下，将服装造型设计定位在 18 世纪的欧洲服装样式上，在创作中为追求传统与时尚的统一，决定将现实主义和表现主义结合起来：用写实的手法，从这个时期欧洲服饰造型中汲取某些典型的形象特征来设计与制作服装，既时尚方便，也可以用细节传情达意。这样的表现手段不仅可以重塑历史，重现当时情景，还可以与现代观众的审美相结合，满足大众审美的要求。

（2）重点人物造型分析

弗罗林多：剧中男主角，一个医科学生，住在巴朗左尼的家中，并偷偷地爱着洛莎，他对洛莎的爱是诚恳和热情的。他是一个有才情的人，为了爱人创作了小夜曲和诗文。他是帅气的，但也是缺乏自信的。笔者为他设计的服装造型，在款式上，内着长袖衬衣，衬衣袖子设计为蕾丝折边袖克夫，衬衣外部则设计为高立领双排扣背心，外着窄袖紧身长款上衣，裤子则采用现代时尚元素中的修身长西裤，以此与其他古典服饰形象结合，达到传统与时尚的完美结合。在颜色上，衬衣与外套为白色，背心以及长裤则为蓝色，背心上的装饰则为白色的花边以及装饰有白色的排扣。（如图 3-43、图 3-44）这样的人物造型设计，一是能够反映出弗罗林多中产阶级的身份地位，二是可以反映出他的艺术气质。

图 3-43 《说谎的人》剧照　　　　　　　　图 3-44 《说谎的人》剧照

　　洛莎：剧中女主角，她的父亲巴朗左尼是一位医生。洛莎天生丽质、年轻漂亮、知书达礼，她对于爱情是盲目的，对于人性是无知的，不明了弗罗林多对她的爱，也不知晓列柳对她的玩弄，她如同懵懂少女一般向往爱情，所以才会掉入了列柳设好的陷阱里。在她的服装设计上，为保证演员活动方便，笔者将累赘的臀垫以及裙撑等去掉，运用具有代表性的细节来展现时代背景，如低领口花边长袍。褶带以及蕾丝边饰这些经典的欧洲服饰的某些可以充分表现那个时代的服饰，完全没有必要照搬全抄。（如图 3-45、图 3-46）

　　列柳：剧中男主角，说谎者。风流好色、游戏人间、卑鄙无耻，不仅欺骗很多女孩子，连自己的父亲也一块儿欺骗，是良知与道德上的败类。对于自己的所作所为，从不感到半点愧疚和歉意，直到真相大白之后，他终于自我反省，承认错误。在他的人物造型上，笔者将他的形象设计成为一个风流倜傥、帅气中带着邪气的男子，因此，才能够得到那么多女性的喜爱。在他的服装造型设计上，笔者以帅气英俊为出发点，在他的衬衣袖子

图 3-45　《说谎的人》剧照　　　　　　　图 3-46　《说谎的人》剧照

上设计了褶边袖克夫、高立领褶带花边；背心和外套则设计为粉色和红色，这样的颜色可以与其他的正派人物形成鲜明的对比，更加凸显出列柳的风流、好色、卑鄙。（如图3-47、图3-48）

　　阿尔利基诺：列柳的仆人，帮助列柳行骗造谣，自己也在列柳的"熏陶"下利用谎言追求柯隆碧娜，是无知、愚蠢的代表，是一个滑稽、搞笑的小丑形象。在他的服装设计上，为了凸显他的喜剧搞笑形象，在颜色上，将领巾和腰带的大红色与七分裤的绿色形成强烈对比；为了表现他仆人的地位，在他的服装造型上，采用粗麻布料制成的服装，阔腿裤、宽松衬衣、短外套等服装款式。（如图3-49、图3-50）

二、写意风格

　　写意风格表现的就是"意境"。何为"意境"？这里所说的"意境"指的就是情

图 3-47　《说谎的人》剧照

图 3-48　《说谎的人》剧照

图 3-49　《说谎的人》剧照

图 3-50　《说谎的人》剧照

舞台人物服饰
造型设计基础

调和境界。设计者用简练的笔墨描绘物象的"形"和"神"，用以诉说创作者追求的精神、理想和状态。自古以来，"写意"就是中国文豪和艺术家追求的重要法则，同样，"写意"也是古典美学的术语。顾名思义，写意与写实的不同之处在于，它不主张真实地再现客观事物，不一味地追求对事物做准确无误的描写与刻画，突出的是"抒情达意"，强调的是通过时空的描绘，在情与景高度融汇后所体现出来的艺术境界。

写意风格的运用，看的是设计者能否有丰富的想象力、设计能力和对事物的观察力、理解力以及将复杂的事物整合以后的提纯能力。它是设计者的审美体验、审美情致和审美理想的综合体现。

（一）写意风格作品赏析《孔雀东南飞》

1. 故事梗概

故事发生在东汉末年建安年间，一名叫刘兰芝的少妇，美丽、温柔、贤惠。她与丈夫焦仲卿互敬互爱，感情深挚。不料顽固偏执的焦母却看她不顺眼，百般挑剔，焦仲卿迫于母命，无奈只得劝说兰芝暂避娘家，待日后再设法接她回家。分手时两人盟誓，永不相负。谁知兰芝回到娘家后，趋炎附势的哥哥逼她改嫁太守的儿子。焦仲卿闻讯赶来，两人约定"黄泉下相见"，最后在太守儿子迎亲的那天，双双殉情而死。

2. 剧本分析

（1）剧本整体分析

《孔雀东南飞》这部家庭悲剧具有极高的典型意义，它通过刘兰芝与焦仲卿这对恩爱夫妇的爱情悲剧，控诉了封建礼教、家长统治和门阀观念的罪恶，表达了青年男女追求婚姻爱情自主的合理愿望。女主人公刘兰芝对爱情忠贞不贰，她对封建势力和封建礼教所做的不妥协的斗争，使她成为文学史上富有叛逆色彩的女性形象。整部剧选用两种不同的表现手法，通过两个交错空间的结合，来体现主人公现实和内心之间的矛盾。

（2）剧本幕间分析

第一、第二幕：夫妻恩爱、姑嫂和睦，婆媳矛盾还未被完全激化，焦母的刁难并没成为刘兰芝和焦仲卿两人的阻碍，但看似平静幸福的生活其实已暗地波涛汹涌。前两幕为接下来的矛盾冲突起到辅助的作用。服装整体造型颜色轻快明亮。（如图3-51）

第三、第四幕：一系列的不满终于爆发，焦母以不事舅姑的名义让儿子休妻，整场气氛瞬间变得紧张、压抑、沉重。第三、第四幕作为一个小高潮，为之后焦仲卿与刘兰芝的殉情起到铺垫作用。（如图3-52）

第五、第六幕：从痛别到殉情，我们不仅看到封建社会中自由爱情的无奈，同时也看到封建社会中焦母的可悲。服装颜色由亮转灰，而其中表现人物心理活动过程中的人物造型具有表现主义特点，纯白基调的服装更像是一种符号，传达着人物内心的真实感受。（如图3-53）

图3-51 《孔雀东南飞》剧照

图 3-52 　《孔雀东南飞》剧照

图 3-53 　《孔雀东南飞》剧照

第三章
人物服饰造型设计构思

3. 设计阐述

（1）设计构思

该设计采用两种不同的表现手法，即传统与抽象的结合。对现实中的人物和诗歌中的人物做了同款不同质的造型设计，用以区分现实与诗歌中的人物关系，产生一种若即若离的效果。服装的款式和质地基本符合当时的服装特征，服装的颜色采用明度较高的纯色系，在简洁明了的舞台反衬下给观众以强烈的视觉冲击。而在导演设定的虚拟空间中，整体造型借鉴了戏曲元素，服装整体基调定为纯白，在基本款式和质地的基础上加了一层薄纱，薄纱上有少量肌理作为点缀。这种虚实结合、亦真亦幻的舞台效果，使观众更能深切体会到剧中人物无力改变现实的无奈和矛盾纠结的内心情感。

（2）重点人物造型分析

刘兰芝：温柔贤惠、知书达理、坚强、持重，不为威逼所屈，也不为荣华所动。现实时空中，刘兰芝在第一、第二幕中的服装采用明度较高的粉色，用以体现她善良体贴、温柔婉约的性格（如图3-54）；第三、第四幕中的刘兰芝一身素黑，领口和袖口用大

图3-54 刘兰芝

图3-55 刘兰芝

图3-56 刘兰芝

红色作为点缀，与焦仲卿的服饰相呼应，红黑的色彩反差给人视觉冲击的同时更能体现着悲剧的分量（如图3-55）；第五、第六幕中的刘兰芝服装颜色忽然由明转暗，降低了一个色度，从之前的交领右衽变成交领左衽，这些细小的变化不仅体现刘兰芝淡泊不争世事的性格，更表现了她面对封建礼教的无奈。在虚拟的设定空间中，采用材质较硬的纯白色棉麻加造型感很强的白纱，服装款式基本符合当时的年代。（如图3-56）

　　焦仲卿：忠于爱情，忍辱负重，但胆小怕事。焦仲卿在第二幕中服装选用明亮的湖蓝，不仅体现出他的儒雅气质，与刘兰芝站在一起更是令人赏心悦目的一对璧人（如图3-57）；第三、第四幕中的焦仲卿一身素黑，只在领口和袖口稍加修饰（如图3-58）；第五、第六幕中的焦仲卿痛别爱人，面对现实无奈的焦仲卿服装颜色由亮转灰。（如图3-59）

　　焦母：反面角色，破落大家的婆母形象，顽固、专横，一心指望儿子重振家门，满腔怨气都对儿媳发泄，是封建家长制的代言人，是封建礼教摧残青年的典型。以墨绿和黄棕的暗色系体现焦母封建礼教的迂腐以及对儿子畸形的爱。（如图3-60、图3-61、图3-62）

图 3-57　焦仲卿　　　　　　图 3-58　焦仲卿　　　　　　图 3-59　焦仲卿

图 3-60　焦母　　　　　　　图 3-61　焦母　　　　　　　图 3-62　焦母

4. 剧照（如图 3-63、图 3-64、图 3-65）

图 3-63　《孔雀东南飞》剧照

图 3-64　《孔雀东南飞》剧照

舞台人物服饰
造型设计基础

图 3-65　《孔雀东南飞》剧照

（二）写意风格作品赏析《哈姆雷特》

1. 故事梗概

丹麦王驾崩，无意间王子与幽魂对话，获知叔父谋害父王的真相。叔父克劳迪斯服丧未满，即娶其兄嫂继承王位。王子装疯卖傻，导演了一出老国王被毒杀的短剧，请新王与新后观赏，叔父当场色变，母后以为王子疯了。奥菲利亚怀着情人失踪及丧父之痛投河自杀，成为雷奥提斯心头之恨，他与克劳迪斯王共谋比剑时涂剧毒于剑锋，酒内下毒，加害王子，不料毒酒被葛楚皇后误饮，雷奥提斯自己亦为毒剑所伤，临死告知王子真相，王子报了父仇，自己亦中毒剑而亡。

图 3-66 《哈姆雷特》剧照

图 3-67 《哈姆雷特》剧照

2. 剧本分析

（1）剧本整体分析

《哈姆雷特》是莎士比亚最负盛名的剧本之一，是著名的四大悲剧之一。哈姆雷特作为一个深受国民爱戴的王子，他身上背负整顿、治理国家和复仇的重任。然而面对着以阴险奸诈的新王为代表的强大的封建势力，作为一个资产阶级人文主义者，他始终把这种和人民紧密相连的事业看作个人的仇恨而孤军奋战。因此，他的悲剧既是真善美与邪恶力量相冲突的悲剧，也是一个人文主义者的时代悲剧，整剧风格压抑，极具超写实主义特点。莎士比亚借哈姆雷特之口，无情地揭露了当时社会的黑暗与不平，充分表现了他的人文主义思想。

（2）剧本幕间分析

第一幕：哈姆雷特父亲去世，其叔叔克劳迪斯继承王位，并与自己的母后结婚。王子沉浸在丧父之痛中，对叔叔和母亲的婚姻表示极度愤怒与不齿。同时，父皇的鬼魂揭露了现任国王杀兄篡位的罪行，令哈姆雷特大为震惊，当即表示要为父报仇，并决定装疯。整场气氛诡异，充满神秘色彩。（如图 3-66）

第二、第三幕：哈姆雷特借用戏班排的谋杀戏来试探国王，从而证实父亲托梦属实。

图3-68 《哈姆雷特》剧照

此后戏中戏开演，国王看到自己的罪行被搬到舞台上，惶恐不已，匆匆退场，由此哈姆雷特确定国王就是杀父凶手。哈姆雷特误杀了波洛涅斯，揭露了国王的罪行，痛斥母亲的不忠和乱伦。整体气氛延续第一幕的诡异、神秘氛围。（如图3-67）

　　第四、第五幕：克劳迪斯挑拨奥菲利亚的哥哥同哈姆雷特决斗，并在暗中准备了毒剑和毒酒。决斗中，哈姆雷特中了对手的毒剑，但他夺过剑后又击中了对方。王后误饮毒酒而死，奥菲利亚的哥哥也在生命的最后一刻揭露了克劳迪斯的阴谋。哈姆雷特用最后的一点力气将手中的毒剑击中了克劳迪斯，自己也毒发而亡。这是整部戏的高潮。整场人物造型带有鲜明的形式主义特点，具有强烈寓意性的形式化空间，通过象征、暗喻的手法表达诡异、神秘的气氛。（如图3-68）

3. 设计阐述

（1）人物造型设计构思

该剧属于超现实主义悲剧体裁，利用可视的物象来暗示内心的微妙世界，强调了艺术形式的抽象化和风格化，特别强调了艺术形象的直接寓意和暗示作用。服装造型上采用象征主义的处理手法。整体造型追求一种液态金属的流动感，通过银灰色硬纱、反光效果强烈的布料进行体现，使其充满神秘主义色彩。

（2）重点人物造型分析

哈姆雷特：出身高贵，受人爱戴，接受过良好的教育，趋于完美主义和理想主义。自身的软弱使他在反抗道路上具有一定程度的不彻底性，也折射出他最终的悲剧命运。该人物在服装造型设计上利用银色金属质感的布料在服装上排列出具有流淌感的肌理效果，以表现王子面对杀父之仇的愤怒之情。其中服装款式采用上衣、下裳、斗篷的设计，

图 3-69　哈姆雷特

凸显哈姆雷特帅气挺拔、出身高贵的非凡气质。（如图3-69）

克劳迪斯：阴险狡诈、毒辣、伪善，善于背后下毒、借刀杀人，表面装成一个仁慈的国王利用卑鄙手段弑兄篡位，迎娶兄嫂，甚至企图设计杀害哈姆雷特。在该人物服装肩部设计倒置皇冠的形象，恰巧与头上所戴皇冠相呼应，以此讥讽克劳迪斯杀兄篡位等的无耻行径。在款式上，克劳迪斯的长袍设计凸显出皇权的无上尊贵，而在下摆处的斑驳做旧的效果体现他野心勃勃、贪婪丑恶的内心。（如图3-70）

波洛涅斯：一个比较矛盾的人物，他是谆谆教导子女的父亲，但又不惜让女儿当他的探子，刺探哈姆雷特的情况。角色的服装近似于修道士服，胸口大片金属质感的肌理仿佛一个黑洞吞噬他的内心。波洛涅斯看似谦和友善，实则是个圆滑而又琐碎、愚蠢

图3-70 克劳迪斯

图3-71 波洛涅斯

而自认聪明的家伙。（如图 3-71）

4. 剧照（如图 3-72、图 3-73）

图 3-72 《哈姆雷特》剧照

图 3-73 《哈姆雷特》剧照

三、抽象风格

抽象是从众多的事物中抽取出共同的、本质性的特征，而舍弃其非本质的特征。作为一种艺术流派，抽象派于 20 世纪初产生于俄国，其创始人是俄国画家康定斯基。1930 年和第二次世界大战以后，由抽象观念衍生的各种形式，成为 20 世纪最流行、最具特色的艺术风格。抽象绘画是以直觉和想象力为创作的出发点，排斥任何具有象征性、文学性、说明性的表现手法，仅将造型和色彩加以综合、组织在画面上。用抽象的符号表现外部世界，反对用具体的造型语言描写客观形象和生活内容，是抽象派的特征。

就舞台人物造型而言，抽象风格是在对表现对象的属性作出分析、综合、比较、归纳、演绎的基础上进行的。以抽象性和间接性为特点，去揭示事物的本质，这便使得服装造型的样式、结构、层次变得更为单纯和简洁。有趣的是，它颠覆了人们对于直观形象的常态思维过程，从视觉的抽象形态变成思维的具体内容，使人们从思考中再现事物的整体性和具体性，从而界定自己的判断。这便呈现出了一种人类特有的高级认识活动和能力，并由此派生出对人物形象乃至对整个作品的重新认识和思考。在《拜访森林》木偶展中小乳白的设计上（如图3-74、图3-75），采用了一种抽象的表现手法，将乳牛拟人化，一个身体，两个脑袋，一个代表动物，这是它的本质特性；一个拟人，象征朋友，这是它的衍生含义。正所谓"一分为二，合二为一"：一个身体，两个脑袋，每个脑袋上一只眼睛，合起来又构成一个抽象整体。这是对一个动物角色的人性剖析，它重在将角色的内心体现出来，将动物的人性作用化为抽象的造型语言，直观地将它从接近一个道具作用的位置上升为大家心灵上的需求和寄托，从而扩展了作品自身功能和所想表现的内容，同时也扩大了艺术欣赏的空间。

四、动漫风格

动漫风格源于漫画，但它与漫画又是完全不同的艺术形式。漫画具有强烈的讽刺性与幽默性，通常从政治事件和生活现象中取材，通过夸张、比喻、象征、寓意等表现

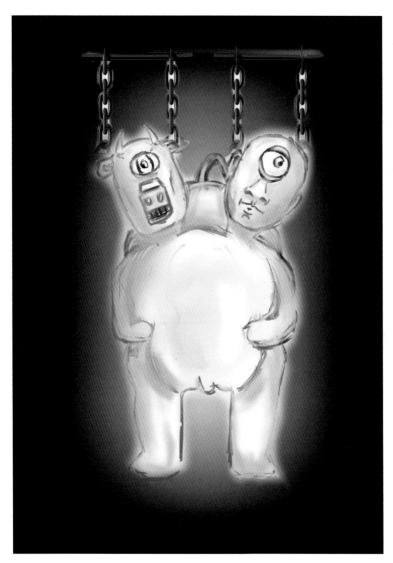

图 3-74 《拜访森林》木偶展中小乳白形象

手法，展示出幽默而又诙谐的图画，借以讽刺或者批判某些社会现象，从而歌颂美好的
事物。

　　动漫服装设计则是为动漫风格的舞台、影视作品做造型设计或在作品中为某些角
色做动漫风格的服饰设计。在动漫风格服饰中可以分为两大类形象设计：人物化设计和
非人物化设计。人物化设计是指对人物进行设计，这种设计要遵循卡通和漫画的创作原

图 3-75 《拜访森林》木偶展中小乳白形象

第三章
人物服饰造型设计构思

则，极大程度地简练和夸张。非人物化设计则是指除人物之外的其他形象设计，如动物、植物或者物体等。

动漫风格的人物造型区别于其他表演形式的特点：对服装的造型、色彩进行了极大的变形和夸张，几乎完全不参照人身比例。此类服饰多用于人偶剧、童话剧以及因剧情所需的特别造型设计。

五、科幻、魔幻风格

科幻、魔幻风格的作品多出于电影和电视剧，由于现场表现技术和表现手段的局限，此类题材很少应用于舞台剧。

"科幻片"是在科学技术新发现、新成就以及科学技术发展趋势的依托下，以及科学家在重视科学性、知识性和趣味性的前提下，以大胆想象与幻想为主要内容创作的故事片。"魔幻片"是经由个人或群体创造出来的虚构幻界，主要以此来表现人的社会、思想和观念等，也是表现人的创造力和文化方面的重要精神财富。"奇幻舞台剧"主要是指一些表现超越现实自然现象，打破时间和空间界限的科幻类、神话类题材的戏剧，或者是表现特殊动作技巧的杂技剧等。奇幻舞台剧中的虚拟人物造型大多突破传统写实类的造型，演员扮演的角色往往以一种超越现实、充满想象的神奇形象出现，具有高度的假定性。近些年，科幻、魔幻题材作品的频繁上映和上演，明确表明这类影视作品是符合观众审美的，是满足观众的视听感受的。好的魔幻类作品可以给观众很多的收获，并能激发人们的创造力及想象力。

此类作品的服装设计要求采用的是与相应风格统一的设计。注重对人物性格的塑造，加大对人物内心的冲突和矛盾以及生活中的苦恼和困境的描述，人物造型上的创作空间开阔广泛，在材质、造型样式上进行变化，增加对视觉的冲击力；加之借助于先进的科技以及三维技术可以加强角色的想象和创造灵感，人物的亦真亦幻使魔幻片的特色更加显著。（如图 3-76、图 3-77）

图 3-76　德川家康

图 3-77　山谦信

第三章
人物服饰造型设计构思

第七节

舞台人物造型设计的种类

戏剧有多种分类方式，按艺术形式和表现手法的不同，可以分为话剧、音乐剧、歌剧、舞剧等；按剧情的繁简和结构的不同，可以分为多幕剧和独幕剧；按题材反映的时代不同，可以分为历史剧和现代剧；按作品矛盾冲突的性质和表现手法的不同，可以分为悲剧、喜剧和正剧（悲喜剧）。舞台人物造型设计在不同种类的创意和表现手法上各有侧重，下面我们就按照艺术形式这一分类来详细解读一下舞台人物造型设计。

话剧，是戏剧中以对话和动作为表现手段来展示事件发展过程并表现戏剧矛盾冲突的一种表演形式，话剧艺术具有舞台性、直观性、综合性、对话性的基本特点。人们往往认为它较接近影视。而话剧艺术与影视艺术最根本的区别在于前者演员与观众是同时间、同空间的存在。话剧的特点在于演员在表演过程中观众的感同身受，在于表演与欣赏的相互依赖、同步进行，这是影视艺术所不能达到的。

话剧的内容、风格、题材、形式、表现手法等是多种多样的，同样，话剧服装设计也存在多种多样的风格和表现手法。话剧的人物造型设计侧重于对剧本中人物的时代背景、地域、民族、性格、职业的刻画，关注的大多是生活中的自然形态。话剧的人物造型设计主要服务于按矛盾冲突分类的悲剧、喜剧和正剧这些话剧传统题材。

悲剧通常描写的是主人公和现实环境的冲突，或因本身的过错而失败、受难，以致毁灭的一类戏剧。悲剧的主人公大多描写的是正面人物或英雄人物。悲剧的戏剧冲突表现为：正面主人公所追求的进步理想或所从事的正义事业，在具体的历史条件下，被强大的现实势力阻挠而不能实现，最后以主人公的失败、受难或毁灭告终；或主人公虽不是英雄人物，甚至有些缺点，但他们同样要经受某种希望受到恶势力的打击而失败、受难或毁灭的过程。因此，悲剧性的人物造型设计偏向于个性化形式，描绘的是具体细致的性格，所以在造型表现上多以鲜明的性格特征来展现理想与现实之间的冲突，在色调的展现上通常使用冷色调或灰暗阴郁的色调，当然也有特殊表现手法，展现剧中事件的矛盾冲突。

喜剧一般以讽刺和嘲笑丑恶落后的现象来肯定美好的、进步的现实和理想。喜剧的矛盾冲突既包括进步、美好同落后、丑恶的事物之间的对立和冲突，也包括丑恶与丑恶之间、进步与进步之间的某种冲突。喜剧的本质是对旧事物的讽刺和否定，对新事物的歌颂、赞美和肯定。喜剧性的人物造型通常采用类型化或者符号化的形象，偏向于暖色调，在服装造型上，运用色彩、装饰适度夸张。在荒诞剧和闹剧中会用变形的结构、花哨的图案等手段。这种造型强调的是主观与客观实际之间、假象与本质之间矛盾的反差所产生的不协调状态，展现的是诙谐幽默的画面。

正剧因兼有悲剧和喜剧的因素，也叫悲喜剧。由于兼有悲剧和喜剧的特点，正剧能够多方面地反映社会生活，扩大和增强了戏剧反映生活的广泛性和深刻性。正剧的人物造型偏向用个性化的形象来表达剧中的真实与哲理、矛盾与理性。

在进行人物造型设计时，要注意观察生活，收集素材，优秀的作品来自实践与体验、活跃创新的设计思想、独特鲜明的设计风格、大胆有效的表现手法、和谐愉快的创作氛围；在人物造型的设计阶段，要注意造型的整体性，达到服化造型的统一、舞美风格的一致，只有这样，才能创造出形式感强烈的又不突兀的人物造型。

一、悲剧

（一）悲剧作品赏析《赵氏孤儿》

1. 故事梗概

春秋时期，以战功起家的晋国贵族赵氏家族，权势和声望不断膨胀，甚至让国王晋灵公都艳羡恐惧不已。心高气傲的将军屠岸贾，一直遭赵氏的轻视和排挤，在国王的默许下将赵氏一家三百余口诛杀。为了赵氏孤儿的安全，一批舍生取义的壮士牺牲了。先是赵氏（晋灵公的女儿）把孤儿托付给一位经常出入驸马府的民间医生程婴，为了消除程婴对于泄密的担忧，自己立即自缢而死。程婴把赵氏孤儿藏在药箱里，企图带出宫外，被守门将军韩厥搜出，没料到韩厥也深明大义，在迟疑当中，他指挥程婴把婴儿带了出去，为赵氏留下唯一的血脉，放走了程婴和赵氏孤儿，自己拔剑自刎。屠岸贾得知赵氏孤儿逃出，竟然下令杀光全国一个月以上、半岁以下的婴儿，违抗者杀全家、诛九族。程婴为了拯救赵氏孤儿，决定献出自己的独子，以换下替赵氏孤儿，并由自己承担"窝藏"的罪名，一起赴死。原晋国大夫公孙杵臼硬要以年迈之躯代替程婴承担隐藏赵氏孤儿的罪名，然后撞阶而死。20年后，程婴告诉了赵氏孤儿这一切，燃起他对屠岸贾复仇的烈火。

2. 剧本分析

（1）剧本整体分析

《赵氏孤儿》是中国最具国际影响力的著作之一，该作品被很多作者改编过。除了话剧，在中国戏曲的舞台上，不同版本的《赵氏孤儿》也创作出不同的经典剧目。纵观纪君祥版的《赵氏孤儿》，后人所改编的剧本也全部保留了剧中的经典情节"搜孤救孤"。但是随着时间的推移，人们对《赵氏孤儿》的理解也开始更加深入，《赵氏孤儿》的悲剧主题也在不断发展变化，并为相应时代的人所欣赏和接受。这无疑反映出，人们对剧目已不再是停留在观赏一段历史故事，而是在探究剧中人物的生存状态和复杂内心，人们对待《赵氏孤儿》既更加理性，也更加感性。

（2）剧本幕间分析

第一幕：整场以为赵母贺寿为主线，在贺寿过程中交代了剧中的人物关系，如程婴及妻子、公孙杵臼、韩厥、屠岸贾与赵府间的关系。其中赵母与屠岸贾的对话为交代之后的矛盾冲突埋下伏笔。（如图3-78）

第二幕：通过顾侯激进的复仇做法进一步交代赵府与屠岸贾之间的矛盾，同时公

图 3-78 　《赵氏孤儿》剧照

主诞下男婴。该幕在整部剧中起到递进作用。

第三幕：晋灵公对战功赫赫、声望和势力不断膨胀的赵府心存芥蒂，在他的默许下屠岸贾命顾侯杀了赵朔，为第四幕高潮起到推动作用。

第四幕：赵母自尽，赵府破败，太后被赐毒酒，庄姬临终托孤于程婴。程婴将婴儿藏入药箱，途中遇韩厥。韩厥动了恻隐之心放走程婴和婴儿并以死谢罪。程婴为救赵氏孤儿将亲生儿子交了出来，公孙杵臼为救程婴主动承担私藏婴儿的罪责。整场在一系列快节奏情节中进行，气氛紧张，扣人心弦。（如图 3-79）

第五幕：16 年过去了，屠勃长大成人。程婴把屠勃的身世告诉了他，但他认为养父程婴那一辈的血雨腥风、恩恩怨怨已成为一个遥远陌生的故事。程婴在晋灵公宴席上把真相公之于众后饮毒酒自尽，屠岸贾呆滞地站在台上。大雨瓢泼，灯光渐暗，多年的仇恨也终于走到尽头。（如图 3-80、图 3-81）

第三章
人物服饰造型设计构思

图 3-79 《赵氏孤儿》剧照

图 3-80 《赵氏孤儿》剧照

图 3-81 《赵氏孤儿》剧照

第三章
人物服饰造型设计构思

3. 设计阐述

（1）设计构思

该剧服装利用具体可感的符号来表现剧目某种抽象的观念及某种待发的事物，在神秘、朦胧中暗示剧中的环境与人物的性格，意在创造和营造一种直觉气氛。整体舞美风格追求一种金属丝质感，人物造型采用闪光的薄纱来迎合舞美的金属感，并利用该材料和红色麻绳结合，营造出朦胧血腥的氛围，暗示着所有人最终难逃悲剧的命运。

（2）重点人物造型分析

屠岸贾：晋国将军，视赵氏为死敌，不怒而威，野心与智慧并重，尽显王者气概。该人物服装以纱为主，斑驳的红纱犹如他屠害无辜、沾满鲜血的双手。整个造型凸显出屠岸贾的霸气和野心。（如图3-82）

图 3-82　屠岸贾

程婴：士大夫、赵府的门客，性情温和，朴实平凡，宅心仁厚，忠义却又怯懦。因此为其设计了黑色长袍外罩墨绿色薄纱，在灯光照射下呈现金属质感，但又不似其他人物冷酷血腥，整体表现其忍辱负重的坚毅之感。（如图3-83）

韩厥：气质冷酷，作为屠岸贾手下的重将，他必须心狠手辣，但在面对庄姬自刎时，恻隐之心也油然而生，他放过了赵氏孤儿与程婴。胸前一片红色肌理，外罩金属感硬纱，袖口红色麻绳缠绕，透露出韩厥冷血无情的外表下有一丝丝未泯灭的良知。（如图3-84）

图3-84　韩厥

图3-83　程婴

（3）其他角色造型（如图 3-85、图 3-86、图 3-87、图 3-88）

图 3-85　士兵甲　　　　图 3-86　士兵乙　　　　图 3-87　穆嬴　　　　图 3-88　韩厥

4. 设计图及剧照

（1）设计图（如图 3-89、图 3-90、图 3-91、图 3-92）

图 3-89　穆嬴　　　　　　　　　　　　图 3-90　庄姬

图 3-91 屠岸贾

图 3-92 程婴

第三章
人物服饰造型设计构思

（2）剧照（如图 3-93、图 3-94、图 3-95、图 3-96）

图 3-93 《赵氏孤儿》剧照

图 3-94 《赵氏孤儿》剧照

图 3-95 《赵氏孤儿》剧照

图 3-96 《赵氏孤儿》剧照

第三章
人物服饰造型设计构思

（二）悲剧作品赏析《虎符》

1. 故事梗概

该剧描写的是战国"四君子"之一魏信陵君（无忌）窃符救赵的故事。魏安釐王二十年（前257），秦国侵赵，形势危急，赵国平原君的夫人（信陵君之姐）亲自突围到魏国求援。魏王的异母弟信陵君认为赵魏唇齿相依，唇亡则齿寒，因此他请魏王发兵救赵。暴戾狭隘的魏王执意不肯，反劝赵降秦。信陵君亲率三千门客，前往救援。侯嬴建议窃取魏王虎符，凭符调用老将晋鄙统率的十万魏兵。如姬夫人素来佩服信陵君"宽厚仁爱"的品质和"合纵抗秦"的政治主张，也感念他替她报了杀父之仇，因此冒死盗符。信陵君佩符至晋鄙军中，晋鄙疑，朱亥杀之，信陵君统兵八万解赵之围。魏王杀信陵君全家，信陵君之母魏太妃代如姬受过自杀。如姬逃出宫后，本可以逃至邯郸请信陵君保护，但为了不损害信陵君的名声，在父亲墓前自杀。

2. 剧本分析

（1）剧本整体分析

《虎符》的主题为大爱，认为一个人活在世上，只爱自己、爱家人和亲属，这是小爱；若是又能够做到爱和自己毫无血缘关系的人，爱集体，爱国家，心甘情愿地为之付出，则是做到了大爱。《虎符》剧中的魏太妃、如姬夫人、侯嬴，这三个人物的所作所为，已然是大爱了。该剧警示后人，要传承中华民族大爱无疆的美德。

（2）剧本幕间分析

第一、第二幕：魏安釐王二十年（前257），秦国侵赵，形势危急，赵国平原君的夫人（信陵君之姐）亲自突围到魏国求援。魏王的异母弟信陵君认为赵魏唇齿相依，唇亡则齿寒，因此，他固请魏王发兵救赵。暴戾狭隘自私的魏王执意不肯，反劝赵降秦。信陵君亲率三千门下客，前往救援。侯嬴建议窃取魏王虎符，凭符调用老将晋鄙统率的十万魏兵。如姬夫人素来佩服信陵君"宽厚爱人"的品质和"合纵抗秦"的政治主张，

也感念他替她报了杀父之仇，因此冒死盗符。（如图3-97、图3-98）

第三、第四幕：魏王随如姬一起来祭拜父亲，盗符的计划受到了阻碍，信陵君决定面见魏王，魏王瞧不起信陵君及他的众多门客并怀疑他与如姬有私情。在唐雎的帮助下，他们证明了清白，信陵君顺利拿到了虎符。跳月会上如姬向太妃表明是自己盗符帮助了信陵君，也间接害死了晋鄙，执意要去自首。太妃阻止了她并劝她逃走，自己承担了所有的罪责，自裁而亡。（如图3-99、图3-100）

第五幕：侯嬴自尽，侯女与唐雎逃亡，如姬到父亲墓前，将事情原委讲述一番，并决定为了信陵君的名声，断然不能逃到邯郸去寻求他的庇护，于是在父亲的墓前自尽。（如图3-101、图3-102）

3. 设计阐述

（1）设计构思

喜剧人物造型在遵循历史的基础上，与舞台美术设计相结合，这就要求我们体现和处理好生活真实与艺术真实的关系。以"虎符"为设计原点，利用中国传统文字——"篆

图3-97 《虎符》剧照

图3-98 《虎符》剧照

图 3-99 　《虎符》剧照

图 3-100 　《虎符》剧照

图 3-101 《虎符》剧照

第三章
人物服饰造型设计构思

图 3-102 《虎符》剧照

图 3-103　魏王

图 3-104　侯嬴

文"，传达出该时期的文化特征。在还原历史服装款式的基础上，体现该剧人物造型的厚重感，从材质的肌理再创入手，在局部嵌入以篆字为基础演变出来的图案造型，通过对面料的叠加制作图案，强化材料的视觉空间，体现其厚重感和层次的变化，展现一种浮雕感，使人物服装肌理造型丰满而具有视觉冲击力。

（2）重点人物造型分析

信陵君：忠厚仁义的皇亲，为表现其皇室的身份以及整体设计的统一，信陵君的服装图样使用了大片纹饰。信陵君品格高尚又沉着内敛，与魏王形成了鲜明的反差。所以在设计上将部分图案放在里衣袖口上，随着人物的行动时隐时现，以表现其表里如一、富有内在的人物形象。

魏王：跋扈专制、冷酷自私。因为魏国崇尚红色，所以魏王的第一个造型以各种红色的面料叠加，借助深浅不同的红色及面料质感的不同来丰富人物的华丽庄严，镂空的图案透出星星点点的金色，象征皇权。而第二个造型加入了大片的黑色，在魏王发现虎符被盗的一幕中使用有浓重的杀气，视觉效果有压迫感。（如图 3-103）

侯嬴：机智聪颖又忠厚守信，却身份低微。他的服装是微旧的灰蓝色，在镂空图案中透出暗红色，暗示人物的悲惨命运。（如图 3-104）

如姬：魏王的宠妻。刚出场时，她是年轻的妃子，颜色采用粉红色，与其他人的深沉色彩产生反差。后宴月舞的整套造型采用魏国崇尚的红色来凸显节日气氛，最后逃亡的时候红白搭配，一个原因是祭拜父亲，另一个原因是为她的死烘托气氛，在视觉上将人物的情感进行了升华。每套造型的相同位置都有红色的镂空图案，是对她归路的象征。（如图3-105、图3-106）

图3-105　如姬

图3-106　如姬

图 3-107 《虎符》剧照

第三章
人物服饰造型设计构思

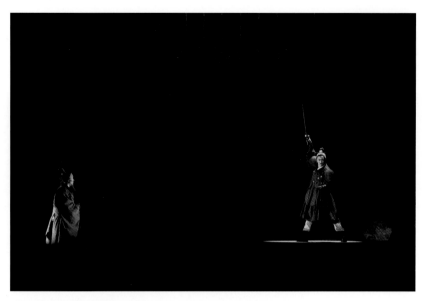

图 3-108 《虎符》剧照

图 3-109 《虎符》剧照

（三）悲剧作品赏析《雷雨》

1. 故事梗概

资本家周朴园因欲娶"有钱门第的小姐"，抛弃为他生有两子的侍女侍萍，与蘩漪结了婚。周家逼得侍萍带着刚出生不久的次子大海投河自尽，侥幸被救后流落他乡，后嫁于鲁贵，并与之生一女，名四凤。17年后，蘩漪因难耐寂寞，与继子周萍私通并爱上他。鲁贵在周朴元公馆做仆人，四凤则被带到周公馆做了侍女，与周萍相恋并怀孕。鲁大海则作为罢工代表来到周公馆要求增加工资。侍萍也来到周公馆探望女儿，周朴园和侍萍再度相遇于周公馆并引发矛盾。在一个雷雨交加的夜晚，实情被揭开，四凤痛不欲生地奔向雨中触电身亡，周萍也开枪自尽，周冲则为救四凤触电而死，蘩漪疯了，侍萍也呆痴了，整个周公馆陷入崩溃。

2. 剧本分析

（1）剧本整体分析

这是曹禺的一出严格遵守"三一律"原则而创作的戏剧，所有的矛盾冲突都是围绕着周公馆内外各成员之间的前后几十年的错综复杂的关系而展开的。剧中每个人的人生都是一场雷雨，都在寻求机会，将自己的感情倾盆而下，最后电闪雷鸣。剧中人物的灵魂、精神和性格，以及每一个人物强烈的个性和内心情感体验，暴露了封建家庭的各种罪恶，深刻地揭露了封建社会的腐朽，也透露出这个黑暗的社会必然会走向灭亡。

（2）剧本幕间分析

序幕： 交代故事发生的时间、烘托舞台气氛。周公馆现已作为医院，周朴园来看他疯掉的两个妻子，一对姐弟说起了多年前的事。雷雨同剧情紧密配合，烘托了人物烦躁、郁闷不安的情绪，预示着一场雷雨即将到来，同时也感染、影响了读者，让人产生一种压抑感，把读者带入戏中。（如图3-110）

第一幕： 整个周公馆处于整体昏暗、灰黄的调子中，鲁贵同女儿在周公馆里打杂，

图 3-110 《雷雨》剧照　　　　　　　　　　　　　　　　图 3-111 《雷雨》剧照

二少爷周冲喜欢四凤，蘩漪和大少爷周萍通奸被鲁贵看到，鲁贵在向四凤讲述"闹鬼"一事时，氛围突转，转向回忆，之后又回到现在。（如图 3-111）

第二幕：剧中主要人物依次出场，矛盾冲突展开，情节进一步递进。四凤和周萍约定晚上见面，周萍想和蘩漪彻底撇清关系，侍萍则来到周公馆探亲，蘩漪和侍萍谈了四凤的事，侍萍要带四凤回乡下。周朴园和侍萍再次相遇，昏暗的气氛延续，变得更加阴沉。最后，伴随着鲁大海的到来，与周朴园争论矿上罢工之事，动手打了周萍，各种矛盾都蠢蠢欲动，伺机待发。（如图 3-112、图 3-113、图 3-114）

第三幕：晚上，电闪雷鸣，风雨交加。整体氛围继续昏暗、阴沉。鲁贵和四凤

图 3-112 《雷雨》剧照　　　　　图 3-113 《雷雨》剧照　　　　　图 3-114 《雷雨》剧照

图 3-115 《雷雨》剧照   图 3-116 《雷雨》剧照

被辞退，鲁贵不服，欲以"闹鬼"事件来威胁蘩漪，以重获工作。侍萍欲让四凤回乡下，周冲来送钱被大海赶走。周萍冒雨来到鲁家，从窗子跳进四凤的房间，却被跟踪而来的蘩漪关死了窗子；进屋拿东西的大海发现了周萍，导致四凤羞愧逃走。（如图 3-115、图 3-116）

　　第四幕： 侍萍和大海来到周公馆找四凤，四凤不得已向侍萍说出真相，她已经怀了周萍的孩子，这对于侍萍来说如同晴天霹雳，但在四凤的苦苦哀求下，侍萍最终答应让周萍带四凤走，并永远不要再见到他们。蘩漪带周冲来阻止周萍带走四凤，周朴园也闻声而至，他以为侍萍前来认儿子，让周萍跪下认自己的生母。残酷的现实让四凤无法承受，她冲向花园，在电闪雷鸣的夜晚，碰到漏电的电线而死，周冲去救她也触电身亡，周萍开枪自杀了，善良的鲁妈痴呆了，阴鸷的蘩漪发疯了，倔强的鲁大海出走了。（如图 3-117、图3-118）

　　尾声： 疯癫的侍萍在窗边等待大海的回归，谁也不认识。这一切都在告知我们中国旧社会即将面临一场雷雨般的浩劫。组织线索，推动剧情。人物间初步建立了关系网。借姐弟的活泼热闹来反衬暮年周朴园的凄凉和教堂、医院那令人窒息的阴沉和昏暗。

图 3-117　《雷雨》剧照　　图 3-118　《雷雨》剧照

3. 设计阐述

（1）人物造型设计构思

此剧的人物造型设计采用写实的手法，追求人物形象的真实性，充分反映该时期的造型特点。以民国时期为背景，整体人物造型营造出一种低沉阴郁的戏剧氛围，人物的服装造型设计以长袍马褂为主，并且根据人物不同的地位与性格，分别设计与之相符的造型。造型与阴沉、昏暗的整体气氛相协调，使得剧情在暗色调子中跌宕起伏，从而凸显戏剧作品的主旨。

（2）重点人物造型分析

繁漪：周朴园年轻的妻子，生有周冲，与继子周萍乱伦。她敢爱敢恨，要求挣脱一切束缚。她对于周萍的爱是炽烈而坚定的，并且义无反顾。最后，她那扭曲的爱变成了恨，倔强变成了疯狂。在她的服装设计上，为表现她的地位，款式为正统的旗袍；为表现她在周公馆中压抑的心情，颜色为代表无奈的黑色；为表现她对周萍的爱，在旗袍的细节上，利用了红色来制作服装的包边和盘扣。（如图 3-119）

周萍：周朴园与侍萍的儿子，与继母繁漪有暧昧关系，后来与四凤相恋。他性格

图3-119 蘩漪

图3-120 周萍

懦弱，是个十足的胆小鬼，一生碌碌无为，既没有继承母亲的善良温和，也没有继承父亲的果断坚毅。他是一个精神极度空虚、内心极度病态的人，如同寄生虫和行尸走肉般地生活着，徒有其表地生存着。在他的服装造型上，为他设计了一套不失传统的长袍马褂，银灰色带有印花的长袍，外面穿有藏蓝色的马褂体现他的长子地位以及他内心的懦弱、对反抗的抗拒，而脚上的一双棕色皮鞋则暴露出他内心的反叛和狂躁，他内心的纠结与矛盾被体现得淋漓尽致。（如图3-120）

四凤：侍萍与鲁贵的女儿，一个年轻的女孩子，善良、质朴、纯洁、热情，怀着对爱情的期许，抱着对母亲的敬爱，努力、小心、谨慎地生活，她以反叛的孤傲姿态欲与周萍私奔，却最终敌不过命运的控制而遭惨死。在她的造型上，更多的是展现她躯体的青春靓丽和内心的善良美丽。短裤、短褂体现她丫鬟的身份，淡粉色更能体现她的纯洁以及对于爱情的懵懂，而细节上的桃红色的花纹和包边则体现了她对于感情的炽热和对于现实的反抗。（如图3-121）

图3-121 四凤

第三章
人物服饰造型设计构思

周朴园：剧中的核心人物。他是一位新兴资本家，经营着一家矿场。作为一家之主，家庭秩序的统治者，他完全按照自己的意愿来处理事情，蛮横并且威严。在他的内心深处，权力、名誉、秩序才是最重要的。他是封建专制家长的典型代表。在他的服装设计上，为他设计了典型的长袍，深棕色带有印花的长袍搭配着金边眼镜更加表明他的身份地位。为展现时间和气氛的转换，为他设计了深蓝色的长袖马褂，马褂的变装更加凸显了他的威严和佯装正直的虚假。（如图3-122）

图 3-122　周朴园

鲁大海：侍萍和周朴园的次子，周萍的亲生弟弟，是一个有思想、有行动的年轻工人的形象。他直爽、质朴，头脑清醒，直接坦诚，富有正义感。他代表的工人阶级将是中国无产阶级革命的先锋，将要摧毁黑暗没落的旧制度。他厌恶资本家，与父亲周朴园进行着顽强的斗争，具有很强的反抗精神。在他的服装款式设计上，我们以长衫、短裤来体现他工人阶级的身份，以此来与哥哥周萍和父亲周朴园上层阶级的长袍形成鲜明对比；在他的服装细节设计上，将他的服装中线处剪开露出肌肉，以此来体现他的质朴与莽撞的造型感和对于社会的不满以及他为人的敢作敢当。（如图3-123）

图 3-123　鲁大海

（四）悲剧作品赏析《都是我的儿子》

1. 故事梗概

剧本讲述了第二次世界大战期间，工厂主乔·凯勒把有裂缝的汽缸盖卖给陆军航空队，结果造成21架飞机失事。当时凯勒的儿子拉里正在打仗，从报纸上得知消息后，感到没脸见人，于

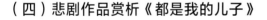

是在执行任务时故意坠机自杀。临死前，他给女友安写了一封信。凯勒在接受调查时，却嫁祸给了他的合伙人史蒂夫·迪弗尔。迪弗尔因此银铛入狱，连他的女儿安和儿子乔治也对此深信不疑，从此对狱中的父亲不闻不问。三年以后，拉里的哥哥克里斯打算和安结婚。但是，凯勒的妻子凯特坚持认为拉里还活着，她指望安和她一样一直等待拉里回来。这时，乔治带来一个惊人的消息，他从父亲口中得知凯勒才是罪魁祸首。因此，他坚决反对安和克里斯结婚。克里斯从凯勒和凯特的对话中听出事情的真相，于是怒斥凯勒杀害了他的兄弟们。凯勒却认为他是为了家庭才这么干的。安被逼无奈说出了拉里之死的真相。凯勒终于醒悟，他为了小家庭牺牲大家庭，才铸成大错，害死了 21 名飞行员。最后，他终于说出"他们都是我儿子"，于是开枪自杀。

2. 剧本分析

（1）剧本整体分析

战争，摧毁了一切；战争，教会我们一切；战争，把一切都改变了！战后，人们的双手可以重建国土、家园、亲情、友情、爱情，但是面对灵魂的重建，双手却显得如此软弱无力！我们需要什么？我们的内在到底需要什么？我们应该成为什么样的人？你，应该成为一个什么样的人？！《都是我的儿子》是被称为"美国戏剧良心"的剧作家阿瑟·米勒的成名之作，1947 年于百老汇首演，连演 328 场，荣获纽约戏剧评论家协会奖、托尼奖最佳编剧奖等多个奖项。

（2）剧本幕间分析

第一幕： 飞机声、轰炸声以及死去的小儿子拉里在梦中的呼唤，乔·凯勒又一次从梦中惊醒，凯特也由于思念逝去的小儿子又是一夜没睡。拉里的哥哥克里斯邀请拉里的未婚妻安到家中，并打算宣布与安结婚。安的到来打破了小镇原有的宁静，凯特不能接受小儿子已经牺牲的事实。看似简单的家庭伦理剧背后隐藏着惊人的直指人性的秘密。

（如图 3-124）

第二幕： 安的哥哥乔治带来一个惊人的消息，他从父亲口中得知凯勒才是当年制

图 3-124 《都是我的儿子》剧照

造 21 名飞机员逝世的罪魁祸首，是凯勒把责任全推到了安父亲的身上。因此，他坚决反对安和克里斯结婚。克里斯从凯勒和凯特的对话中得知了真相，于是怒斥凯勒杀害了他的兄弟们，凯勒却认为他是为了家庭才这么干的。安被逼无奈说出了拉里之死的真相。凯勒终于醒悟，他为了小家庭牺牲了大家庭，才铸成大错，害死了 21 名飞行员。凯勒由于自责内疚，最后饮弹自尽。（如图 3-125、图 3-126、图 3-127）

3. 设计阐述

（1）人物造型设计构思

故事发生在第二次世界大战结束后，女装走向性感高雅，男装则走向休闲自在；人们渴求甩掉战争的阴霾，摆脱因战争而造成的人性扭曲。在这种状态下，以个人利益为重、牺牲他人的做法，使人们不禁开始反思人性何在？整体的人物造型带有悲剧氛围，运用了现实人物的真实与逝去人物的虚幻之间的对比。在设计中，以逝者为核心，采用

图 3-125 《都是我的儿子》剧照

图 3-126 《都是我的儿子》剧照

图 3-127 《都是我的儿子》剧照

第三章
人物服饰造型设计构思

一种意象化的设计理念，选用一些新型材料与绘画结合形成一种僵硬状态，使其与生者形成强烈的反差，使现实生活与特定空间形成鲜明的对比。

（2）重点人物造型分析

乔·凯勒：一个军工厂厂长，阴险狡诈、道貌岸然、唯利是图、出卖朋友的伪君子，将汽缸盖事故嫁祸给老朋友、老搭档史蒂夫·迪弗尔，迪弗尔因此锒铛入狱。在丑恶行径被揭露后依然找借口为自己开脱，当安被逼无奈说出了拉里之死的真相时，凯勒终于醒悟，为害死21名飞行员的事实羞愧自尽。凯勒的造型设计依托20世纪的传统样式，黑色西裤、淡蓝色衬衫、暗花短绒马甲、丝缎领巾，高雅中又不失轻松自在。

图3-128　安

安：乔·凯勒合伙人史蒂夫·迪弗尔的女儿，拉里的未婚妻，后与克里斯相爱。她性感美丽、单纯善良，勇于追求自己的爱情。在凯特和乔治百般阻挠她与克里斯婚事的时候，她表现出对爱情的坚定和勇敢。安在第一幕中的造型设计采用了丝质玫红色四片裁剪小礼裙，上面不均匀镶嵌黑色立体镂空花朵，体现出安的优雅气质以及不失俏皮可爱的一面。第二幕中的造型设计采用符合当时年代的服饰特点，淡红色暗纹连衣裙搭配白色蝴蝶领结，突显安的修长身形。（如图3-128、图3-129）

图3-129　安

克里斯：乔·凯勒的大儿子，正义勇敢、阳光帅气，执着于真爱。克里斯曾参加过第二次世界大战，并对自己现在的生活有着高尚而深刻的认识，不屑于功名利禄。克里斯在第一幕中的造型设计采用了休闲牛仔裤和黄格子衬

图 3-130 克里斯

图 3-131 拉里

衫，服装款式在 20 世纪 50 年代大为流行，该造型体现了克里斯的阳光、随性、开朗的性格特点。（如图 3-130）第二幕中克里斯的服装为黑色休闲西裤、白色修身衬衫以及深棕色皮鞋，体现出克里斯成熟稳重的一面。

拉里：乔·凯勒的小儿子。作为一名飞行员参加了第二次世界大战，在得知父亲的无耻行径后，羞愧自杀坠机在中国沿海。在拉里以及其他士兵的造型设计上采用牛皮纸与衣服结合，做出僵硬感、肌理感，利用丙烯、喷漆、马克笔做出一种素描感以及一些伤痕效果，使现实生活与特定的空间产生鲜明的对比。（如图3-131、图 3-132）

图 3-132 《都是我的儿子》设计图

（五）《山羊不吃天堂草》

1. 故事梗概

这是一部带有浪漫色彩的话剧，一群饥饿的羊，面对诱人的天堂草却不肯低下头，竟一只只死去了。（如图 3-133）由于生活所迫，故事的主人公不得不远离家乡，跟着师傅外出打工，但他们似乎无法走出那个世界。故事透过生活的艰辛和世态炎凉刻画了主人公的心路历程。该戏歌颂了在生活中的各个角落的道德和正义。

该剧人物形象真实丰满，极具立体感，作品将人生、命运、哲理象征以及审美情趣融为一体。

2. 设计阐述

（1）人物造型设计构思

整体造型设计构思带有浪漫主义色彩，造型带有隐喻风格，所有人物造型笼罩在

图 3-133 《山羊不吃天堂草》设计图

现代都市的投影中，每个人物造型的服饰构成都运用城市投影作为图案，带有一定的隐喻特征，强调都市中打工者的压抑感。

（2）重点人物造型分析

《山羊不吃天堂草》讲述的是城市中的一个外来务工青年明子进入城市后周遭出现的人和发生的事，他觉得他生活于其中的世界是遥远的，城市对于他来说，不可解释、不可捉摸，可望而不可即。

整体服装造型设计也采用写实和生活化的方式，同时进行了意象化处理，表达主人公生活的压力，服装会有一种时间感。使用了一个和投影效果结合的方式，各种城市造型投影在这个演员的身上，其实是为了表现一种大城市光怪陆离的感觉，这位农村外来务工人员与繁华都市的一种格格不入感，他希望融入但永远都无法融入的感觉。

图 3-135 这个形象是他在老家农村的时候，那么投射在他身上的景象就是树木、大自然，表现的是乡村的质朴、原始的感觉。

明子设计图（如图 3-134、图 3-135、图 3-136、图 3-137）：

图 3-134　明子　　　　图 3-135　明子　　　　图 3-136　明子　　　　图 3-137　明子

三和尚设计图（如图 3-138、图 3-139、图 3-140）：

| 图 3-138 三和尚 | 图 3-139 三和尚 | 图 3-140 三和尚 |

巴拉子设计图（如图 3-141、图 3-142、图 3-143）：

| 图 3-141 巴拉子 | 图 3-142 巴拉子 | 图 3-143 巴拉子 |

豆芽姐设计图（图3-144、图3-145、图3-146）：

图3-144　豆芽姐　　　　图3-145　豆芽姐　　　　图3-146　豆芽姐

明子爹设计图（如图3-147、图3-148）：

图3-147　明子爹　　　　　　　　图3-148　明子爹

第三章
人物服饰造型设计构思

二、喜剧

（一）喜剧作品赏析《皆大欢喜》

1. 故事梗概

罗瑟琳的父亲不仅爵位被抢走，而且还被驱赶放逐。不久之后，罗瑟琳也受到叔父——篡位者弗莱德里克的放逐，她女扮男装与弗莱德里克的女儿西利亚一起逃跑，她们带着小丑试金石前往亚登森林投奔被放逐的公爵。在森林里，罗瑟琳和同样被迫逃亡的恋人奥兰多不期而遇。以此为主线，讲述奥兰多以德报怨，拯救兄长，使其良心发现，并与西利亚产生感情；弗莱德里克受到隐士点拨，幡然悔悟，归还公爵权位。最终，四对恋人喜结良缘，皆大欢喜。

2. 剧本分析

（1）剧本整体分析

《皆大欢喜》是莎士比亚的四大喜剧之一，剧作在权力阶级的现实之中歌颂爱情的美好，在人性脆弱之处检视自由的意义。通过对照资本主义社会中个人利益为上的篡权、谋害等人类丑恶现象与牧歌社会中无忧无虑、互敬互助的人际关系，揭露人性假面，暴露欲望与婚姻的赤裸本质，最终表现出了文艺复兴时期人文主义思想家对于平等、自由、幸福的田园生活的向往。作者通过该剧表达了自己的愿望：希望人类的善良和慷慨能化解邪恶，最终人类能够和谐相处的一种美好愿望。

（2）剧本幕间分析

第一幕：讲述的是剧中主人公在现实生活中的尔虞我诈、兄弟阋墙的人际关系。以奥兰多与家中老仆亚当的对话来展开剧情，交代出奥兰多的身世以及兄弟之间的矛盾冲突。同时也对罗瑟琳的身世背景以及悲惨遭遇进行交代，告诉观众之后故事情节发展的起因。

第二幕：剧中的人物开始前往带有牧歌色彩的理想世界——亚登森林。以老公爵对于流放生活的体会为开端，向人们展现了一个简单淳朴、自给自足的世界。在这里，森严的等级观念被淡化，人们相互帮助，生活悠然自得。第二幕分别介绍了罗瑟琳、西利亚、试金石和奥兰多、亚当这两组逃亡队伍在刚刚进入亚登森林里的遭遇。剧情进一步深化，为之后罗瑟琳与奥兰多的见面作铺垫。

第三幕：奥兰多和罗瑟琳终于相遇了，罗瑟琳女扮男装并没有与奥兰多相恋，而是以牧羊人的身份与奥兰多相识，并带他回到了自己的住处。这一幕中，各个阶层的代表人物深刻探讨了什么是爱情，爱情是现实的还是浪漫的，外界的干扰，如阶级地位、钱财、相貌等是否能够影响到爱情，对一切关于爱情的方面展开辩论。

第四幕：罗瑟琳开始实施自己的计划，为自己与奥兰多的爱情铺路。奥列弗来到森林，与他们相遇，奥兰多将他从蛇和狮子的口中救出，自己却受了重伤。奥兰多用自己的真心与善良将哥哥奥列弗感化，使他由恶转善。

第五幕：皆大欢喜之大结局，罗瑟琳终于恢复女装，公爵终于认回了女儿；奥兰多终于见到了朝思暮想的罗瑟琳；弗莱德里克也终于在隐士的点拨下，将权力与爵位交还公爵……最终，四对恋人在长辈与大自然的见证下结为连理。

3. 设计阐述

（1）设计构思

作者在《皆大欢喜》里创造了一个理想世界，描绘了他所向往的社会——在美好的大自然中人们可以自由自在地生活。在舞台美术创作上，选择采取现实主义与浪漫主义相结合的原则，通过部分布景表现整体环境，展现梦幻的童话世界。因此，在人物服装造型上，采取写实的创作手法，融入了鲜艳的色彩，以 16 世纪欧洲服装样式为基础，进行人物造型设计，并通过服装材质的变化，以及花边和拉夫领等细节来表现各个人物的性格、身份、地位。

（2）重点人物造型分析

奥兰多：原本是王公贵族，却在父亲死后，受尽兄长奥列弗的虐待和陷害，最终选择逃往森林。他勇于追求自己的幸福，真诚、善良、热情，是"真、善、美"的代表。在奥兰多的整体造型上，为他设计了上衣下裤以及披风斗篷的造型。在颜色上，上衣采用深褐色底色和白色纹样，下装则为黑色的马裤和白色打底裤，外面的披风则为纯白色，从色彩上想表达他的善良、真诚、老实。在款式上，上衣设计为对襟收腰，腰围线以下向外扩展并装饰有条状纹样，领口和袖口处设计为折花花边，胸前设计有排扣，下装则配有微夸张的灯笼裤。这样的款式设计，可以传达出主人公的身份地位。同时，如此平凡的服装更加凸显了他本是高贵的身份，却在生活中遭受虐待的现实。通过这种对比，更加强烈地向观众传达出他悲惨的遭遇以及他长兄奥列弗对于他的卑鄙作为。

罗瑟琳：公爵的女儿。父亲的爵位被叔父抢走，而她也被赶出皇宫，逃往森林。她天生丽质、年轻、善良，尤为突出的是她活泼开朗的性格，甚至蕴含着某种调皮和狡黠。在她出场时，她依然是在皇宫中生活的公爵女儿，这时，我们为她设计的造型为低胸圆领的紧身胸衣、肥大臀垫与内有裙撑的衬裙，这样极具欧洲古典风格的内裙外面是银蓝色底白色纹样的对襟长袍，领口处的褶带装饰、裙边的绸带结装饰等细节则体现她身份的高贵以及她纯洁的心灵。在她前往亚登森林后，为了隐藏身份而女扮男装，这时，为她设计了一身英俊潇洒的装束：蓝色的紧身马甲、白色切口蓝底灯笼裤、白色打底袜，服饰的领口和袖口都设计有花边，以体现事件发生的时代背景。这样的装扮不但可以表现她此时所处的困境，还可以侧面表现出她面对生活、爱情以及困境时那充满智慧的独特见解。

奥列弗：奥兰多的哥哥，阴险狡诈，唯利是图，不遵守亡父的遗志，也不看重手足之情。不但不教养弟弟奥兰多，反而视他为仇敌，逼迫奥兰多离开家园，逃往森林。最终，在弟弟的宽容与感化下痛改前非、弃恶从善，由"恶"转变为"善"。为表现他的身份地位以及所作所为的恶劣与卑鄙，他的服装造型设计，在颜色上选择黑色为底、金色作装饰。这样的搭配，一是为了体现他高贵的身份地位，以及将所有财产据为己有以供自己贪图享乐的奢华生活。在款式上，采用上衣下裤的造型，上半身采用紧身夹衣，贴身合体，夹衣上有十几个金黄色的扣子，同时还有硬朗的披肩，下半身长至膝部的切口南瓜裤，宽松而舒展。为了显示切口装饰这一特点，选择在下层衬一层金色的面料，在裤装的下摆处相连使其无接缝，使得整条裤子是连折的双层，在夹层中放入填充物使其膨起，以达到夸张的效果。

试金石：罗瑟琳和西利亚的仆人，衷心、滑稽而又具有智慧。虽是小丑的角色，但是他的聪明才智以及对于生活的观点却是正确的，是一个"有见识的傻子"。在他的人物造型设计上，追求的是喜剧感与怪异感，以此来加强他的滑稽搞笑形象。在化妆造型上，他鼻头周围和嘴唇的红色，夸张而又搞笑。在服装造型上，颜色对比分明的黑红两色贯通在他的服装上，为了更加凸显他的喜剧形象，我们使用更多的填充物，将其灯笼袖和灯笼裤的造型打造得更加富有视觉冲击力，写实而又搞笑。灯笼裤下的装束与鞋子则借鉴了染色服装的表现，将其设计为怪异的、不对称的样式，左边为红色短裤、肉色打底裤以及白色的尖头皮鞋，右边则为白色打底裤，上面还系有一条颜色鲜明的蓝色丝带，鞋子则为黑色。（如图 3-149、图 3-150）

图 3-149 奥兰多　　　　　　　　图 3-150 西利亚

4. 设计图（如图3-151、图3-152、图3-153、图3-154）

图 3-151　罗瑟琳　　　图 3-152　西利亚　　　图 3-153　罗瑟琳男装　　　图 3-154　公爵

（二）喜剧作品赏析《二次大战中的帅克》

1. 故事梗概

　　故事讲述了二战时期"大人物"与"小人物"的内心写照。在德国，希特勒发动了第二次世界大战，但他一直担忧人们对他的看法。在捷克，帅克自一战结束退伍之后当了狗贩子，闲暇时就待在瓶记酒店，与老板娘科佩卡太太、好朋友巴卢恩聊天说笑。党卫军特务把帅克的谈笑看作政治威胁，将帅克逮捕至盖世太保总部。而盖世太保军官看中帅克偷狗的本领，派帅克去偷一只纯种长毛狗。帅克因为这只纯种狗陷入了一连串的风波：先是偷狗时被公役站捉去当劳工，再是因为煮狗肉被党卫军抓进监狱，然后与囚犯一起被充军发配到苏联支援希特勒的战争，后来在苏联的茫茫雪原中迷了路。与此同时，希特勒深陷苏联战线的挫败，濒临崩溃。在前往斯大林格勒的路上，迷途的"大人物"希特勒与迷路的"小人物"帅克，最终在暴风雨中相遇了。

2. 剧本分析

（1）剧本整体分析

该剧力求做到再现典型环境中的典型人物。强调"理想"和"怪诞"，但又表现"地方色彩"。导演利用"以小见大"的处理方式进行艺术创作，这种描绘性较强的局部创作手法在某种程度上具有完整性。这种"以小见大"的处理方式是片断、细节的结合，这里更多地运用连续性的新原则。

（2）剧本幕间分析

第一幕：发生在梦幻境界的序幕在德国，激进的希特勒活在自己疯狂的世界里，但他同时还担忧人们对自己的看法。在捷克，巴卢恩、帅克、布雷特施奈德等人在科佩卡太太的酒馆里喝酒，帅克喝多了，言语上冲撞了希特勒，被密探布雷特施奈德带回盖世太保总部，在布伦格尔德审讯中帅克凭借自己的聪明才智逃过被送往集中营的厄运，并答应为布伦格尔德弄到福伊泰的长毛狗。该幕交代了故事发生的时间、地点、环境，为剧情的发展起到铺垫作用。（如图3-155、图3-156）

第二幕：发生在现实境界的过场——帅克被放了出来，并和米勒来到科佩卡太太

图3-155　《二次大战中的帅克》剧照

图 3-156 《二次大战中的帅克》剧照

的酒吧，人们都因帅克能够平安归来而感到惊讶。在希特勒统治的白色恐怖时期，人们

生活极其压抑，很有可能因为某句话、某个动作便莫名其妙地被送到集中营里，人们在

努力抑制心中的不满情绪。（如图 3-157、图 3-158）

图 3-157 《二次大战中的帅克》剧照

图 3-158 《二次大战中的帅克》剧照

图 3-159 　《二次大战中的帅克》剧照

　　第三幕：发生在梦幻境界的过场——希特勒依然沉浸在疯狂的战争中，同时又在意着"小人物们"是否愿意顺从于他、为他效劳。帅克和巴卢恩合伙用计谋骗得了福伊泰的长毛狗，并设法从公役站逃脱出来。但由于黑市买卖还是被逮捕了，这为第四幕希特勒与帅克的相遇埋下了伏笔。（如图 3-159）

　　第四幕：发生在梦幻境界的过场——希特勒深陷苏联战线的挫败，濒临崩溃，只能把希望寄托在了"小人物"身上。帅克与囚犯一起被充军发配到苏联支援希特勒的战争，后来在苏联的茫茫雪原中迷了路。在前往斯大林格勒的路上，迷途的"大人物"希特勒与迷路的"小人物"帅克，最终在暴风雨中相遇了。可笑的是希特勒已进退两难、一败涂地，最后绝望发狂。（如图 3-160、图 3-161)

图 3-160　《二次大战中的帅克》剧照

图 3-161　《二次大战中的帅克》剧照

3. 设计阐述

（1）设计构思

　　该剧看似荒诞可笑，带有一定的讽刺意味，在深层意义上，它又如实地反映了当时人们对于现实生活的无奈与抗争。人物造型设计在传统服装款式的基础上，尽可能地贴近角色，并通过面料的表现性创造整体人物造型的独特性。利用报纸作为设计元素，表现当时社会战争与新闻事件漫天飞舞，使观众感受到当时人们动荡不安的生活状态。每个人似乎被无形的枷锁控制，支离破碎的身体预示着人们在寻求一种解脱与抗争。通过"报纸"这个新闻媒介与服饰造型相融合，以此来贯穿整部戏的人物造型表现形式，造成一种斑驳错落的感觉；再通过色彩的进一步描绘使其与服装面料的颜色相衔接，表现服饰的时间感，以此产生一种带有寓意的、荒诞的形式美感，来达到讽刺性的喜剧效果，也预示着剧中人们对于生活和战争的压抑和无奈。

（2）重点人物造型设计分析

帅克：聪明机敏，具有坚持不懈的精神，热爱自己的家园。同时，他又非常调皮，甚至有时有点傻里傻气，他经常做些恶作剧来表达他对战争的仇恨。服装款式上选择基本的衬衫、西装样式。粉色格子衬衫、棕色格子西装，服装通过报纸、乳胶和颜色的衔接处理进行了进一步的加工再造，这种若隐若现的处理手法表现了一种滑稽、幽默的喜剧效果的同时也起到一定的暗示作用。（如图3-162）

科佩卡：酒店老板娘，为人热心，做事谨小慎微，对有关政治的话题十分谨慎，待人处世态度审慎，怕惹事。服装款式上选择中长款及膝长裙、针织外套；其中碎花裙子、酱紫色外套，肩部加上一些面料再造的处理，凸显出老板娘的温柔贤惠，以及她谨慎保守的性格特点。（如图3-163、图3-164）

巴卢恩：帅克的朋友，善良但有些木讷，对食物极其钟爱，甚至到了不能自持的地步。粉色条纹衬衫、棕黄色背带裤；从颜色上凸显出巴卢恩略显滑稽、木讷的性格特点。一些细节的处理更能体现整部剧深层的寓意，如领口、袖口、裤腿上进行面料加工，面料与报纸间通过颜色衔接。（如图3-165）

图3-162 帅克　　　图3-163 科佩卡　　　图3-164 科佩卡　　　图3-165 巴卢恩

第三章
人物服饰造型设计构思

4. 设计图及剧照

（1）设计图（如图3-166、图3-167、图3-168、图3-169）

图 3-166　希特勒

图 3-167　帅克

图 3-168　帅克

图 3-169　纳粹军官

（2）剧照（如图 3-170、图 3-171、图 3-172、图 3-173）

图 3-170　《二次大战中的帅克》剧照

图 3-171　《二次大战中的帅克》剧照

第三章
人物服饰造型设计构思

图 3-172 《二次大战中的帅克》剧照

图 3-173 《二次大战中的帅克》剧照

（三）喜剧作品赏析《费加罗的婚礼》

1. 故事梗概

男仆费加罗正直聪明，即将与美丽的女仆苏珊娜结婚。没想到好色的阿玛维瓦伯爵早就对苏珊娜垂涎三尺，居然想对她恢复早就当众宣布放弃的"初夜权"，因此千方百计阻止他们的婚事。为了教训无耻的伯爵，费加罗、苏珊娜联合伯爵夫人罗西娜设下了巧妙的圈套来捉弄伯爵。苏珊娜给伯爵写了一封温柔缠绵的情书，约他夜晚在花园约会。伯爵大喜过望，精心打扮后如期前往。在黑暗的花园里，正当伯爵喜不自禁、大献殷勤的时候，四周突然灯火通明，他发现怀抱中的女子竟是自己的夫人罗西娜。伯爵被当场捉住，羞愧无比，只好当众下跪向罗西娜道歉，保证以后不再犯。聪明的费加罗大获全胜，顺利与苏珊娜举行了婚礼。

2. 剧本分析

（1）剧本整体分析

博马舍的《费加罗的婚礼》是他在 18 世纪 70 年代创作的"费加罗三部曲"中的第二部，该剧深受启蒙主义观念影响，讴歌中下层人物，反对封建势力、传统思想，给人以道德和思想上的启迪。这部喜剧对揭露和讽刺封建贵族起了很大的作用，反映了封建阶级统治中平凡老百姓反抗精神的发展，人们开始追求自由、平等。

（2）剧本幕间分析

第一幕：理发师费加罗和伯爵夫人的心腹女佣苏珊娜正忙着准备自己的婚礼，但苏珊娜与费加罗担心伯爵不放弃"初夜权"，同时伯爵对苏珊娜表达了爱意，薛侣班拜托苏珊娜向伯爵夫人转达他的爱慕之情，一系列的误会激发了人物间的矛盾。

第二幕：罗西娜、费加罗、苏珊娜三人商量计谋，要合力惩戒伯爵，这样不仅可以使伯爵回心转意，同时也可以保护他们自己的幸福，并找来薛侣班帮忙。马尔切琳娜和医生巴尔托洛、音乐教师巴西利奥来了，他们得意地宣布：费加罗没有还钱，现在他必须履行约定，娶马尔切琳娜为妻。该幕作为整部剧的小高潮交代了人物间的主要矛盾。

第三幕：经查证，原来马尔切琳娜是费加罗的母亲，巴尔托洛是他的父亲，这意想不到的结果让伯爵与法官等人目瞪口呆。罗西娜和苏珊娜商量了新的计谋，苏珊娜写了一封给伯爵的信，称会在黄昏的花园里等他。该幕为接下来的乌龙事件起铺垫作用。

第四幕：伯爵夫人与苏珊娜互换服装，费加罗以为苏珊娜与伯爵在花园私会而怒火冲天，伯爵跟穿着苏珊娜衣服的伯爵夫人情话绵绵，当误会解开后，伯爵为自己的所作所为羞愧不已。灯光复明，伯爵批准了理发师费加罗的婚礼。在全体欢乐的合唱中落幕。

图 3-174 《费加罗的婚礼》剧照

3. 设计阐述

（1）设计构思

该剧体裁为喜剧，其中人物造型设计具有深沉的年代感，创作的宗旨是打造"比普通生活更高、更强烈、更集中、更典型、更理想"的艺术形象。该剧服装设计的整体造型以欧洲传统服饰为依托，着重刻画剧中人物的性格，突出个体形象。剧中的贵族与平民在服饰面料的选择上做了很大区分，平民追求质朴感，贵族追求华丽感。整体造型上，贵族服饰上奢华的装饰与平民的无华形成强烈的反差，通过演员的喜怒哀乐来营造一种喜剧氛围。

（2）重点人物造型设计分析

费加罗：阿玛维瓦伯爵的男仆。勤劳、勇敢，充满智慧，

图 3-175 《费加罗的婚礼》剧照

图 3-176 　《费加罗的婚礼》剧照

图 3-177 　《费加罗的婚礼》剧照

但有些莽撞。费加罗使出各种巧妙的计策，不断地使自作聪明的伯爵陷入被动与难堪，最终战胜了伯爵娶苏珊娜为妻。费加罗服装款式：衬衫的衣身和袖子都比较宽松，袖子在手腕处收进一根带子里，马甲和宽窄适度的在膝部收紧的裤子采用天鹅绒材质。服装颜色：采用成熟稳重的棕色，并在马甲领口处加以金色烫金蕾丝边作为点缀。（如图 3-174、图 3-175）

苏珊娜：阿玛维瓦伯爵的女仆。聪敏机灵，凭借聪明才智捍卫了自己的爱情，与费加罗、伯爵夫人合谋惩戒好色的伯爵。典型的 18 世纪服装款式后部扎系有缎带的发型，墨绿色天鹅绒质地的宽大裙身，多层花边裙子，衣身部位有撑骨的连衣裙，胸口处有少量蕾丝的棉质长围裙。（如图 3-176、图 3-177）

伯爵：阿玛维瓦伯爵好色、虚伪、狡诈、阴险。对苏珊娜垂涎三尺，想对她恢复早就当众宣布放弃的"初夜权"，因此千方百计阻止他们的婚事。高硬领，带克夫的衬衫领结，浅棕大翻领背心，长款棕色西装，精致绅士的西装凸显出伯爵的道貌岸然与虚情假意。

罗西娜：伯爵夫人。聪明善良，为了挽回丈夫的心，与苏珊娜、费加罗合谋惩戒伯爵。蕾丝领，有撑骨的衣身，内有紧身胸衣，假内袖，裙子下摆有褶饰，香槟色的服装凸显伯爵夫人的高贵典雅。

4. 设计图（如图3-178、图3-179、图3-180）

图 3-178　伯爵　　　　图 3-179　苏珊娜　　　　图 3-180　船长

三、正剧

（一）正剧作品赏析《自选题》

1. 故事梗概

高三学生玛丽卡在毕业语文考试中选择了写"自选题"作文，而且在作文中披露了师生共同作弊的事实，还倾诉了自己对学校、老师以及教育现状的不满、困惑和思考，结果试卷交上去后，引起了轩然大波。玛丽卡宁可不要毕业证书，失去上名牌大学的机会，也要与歪风邪气作斗争。她不但抗拒了各种力量的诱惑，还抵抗了来自学校和家庭的压力，终于赢得了父亲以及部分老师、同学的支持。

2. 剧本分析

（1）剧本整体分析

《自选题》由苏联戏剧家阿·弗·齐哈伊泽编剧，创作于20世纪70年代中期，剧本通过展现玛丽卡写了自选题作文说出真话后的遭遇，揭示了在弄虚作假、作弊成风、骗术交易已成为现实社会中的"常态、常规"时，要"说出真话"、提出质疑是何等艰难，要做一个正直、诚实的人是何等艰难；特别是当正直、诚实的言行触及了某些人的切身利益时，就可能被扣上种种莫须有的罪名；如果拒绝妥协，就会遭到来自社会各界形成的强大合力的围攻，落得众叛亲离、孤立无援。

（2）剧本幕间分析

第一幕：玛丽卡自选题作文的事已经见报，顿起波澜，她要面对的已经不仅是分数问题，班主任以及同学们纷纷来访劝说玛丽卡以"精神异常"的名义获得一次补考机会，从而顺利毕业升入名牌大学。玛丽卡的妈妈为玛丽卡能在毕业典礼上大放光彩特地为她买了一件洁白高档的连衣裙，当得知玛丽卡自选题作文事件后顿如五雷轰顶，而作为著名作家的爸爸对女儿的思想和举动给予了相当程度的理解。该幕交代了事件的时间、地点、原因，为接下来一系列的矛盾冲突起到铺垫作用。（如图 3-181）

图 3-181 《自选题》剧照

第三章
人物服饰造型设计构思

第二幕：为保住学校的声誉，女校长和班主任主动找上门来，玛丽卡的妈妈极力劝说女儿按照校长的意思去补考，玛丽卡却坚持自己的观点。校长非常震怒，和班主任离去，这让玛丽卡的妈妈极为痛苦，但玛丽卡的爸爸却进一步发现女儿思想品质的可贵之处。（如图3-182、图3-183）

第三幕：同学克季诺和科斯卡再次来到玛丽卡家，这次他们表达了对玛丽卡勇气的赞赏以及自己无力抗争的无奈。这时女医生安盖丽娜作为家长代表受教育局局长的委托来劝说玛丽卡，并表示答应可以马上从医院开一张"精神异常"的证明，让玛丽卡顺利毕业。而玛丽卡依然坚持自己的观点，女医生愤然离去后，玛丽卡、克季诺和科斯卡体验到一种前所未有的郁闷与压抑。他们开始喝酒，高亢激昂地大声歌唱，以此作为对

图3-182 《自选题》剧照

图3-183 《自选题》剧照

图3-184 《自选题》剧照

舞台人物服饰
造型设计基础

僵化、虚假的现实生活的反抗。（如图3-184）

　　第四幕：中规中矩的团支书托马斯又来到玛丽卡家，这次他表示暗恋玛丽卡，希望她能回心转意找校长承认自己的自选题作文观点是错误的，以此换取毕业奖章升入名牌大学。玛丽卡试探地接受了托马斯，并穿上了妈妈特意买的洁白连衣裙，还要与托马斯确定婚姻关系，托马斯认为玛丽卡疯了，转身仓皇逃离。正当玛丽卡伤心之时，将玛丽卡自选题作文登报的实习记者突然到访，他表示虽然因为这次事件丢了工作，但并不后悔自己所做的一切，并将9名同学拒签玛丽卡"精神异常"证明的原件给玛丽卡看，这让玛丽卡惊喜异常，此时她更加坚定自己的做法是对的。女校长和班主任再一次造访，校长对玛丽卡爸妈下最后通牒，但出乎意料的是班主任终于按捺不住，明确表达对玛丽卡的赞许和支持。作为官方代表的校长态度依然强硬，可她的发作显然苍白无力。（如图3-185、图3-186）

图3-185　《自选题》剧照

图3-186　《自选题》剧照

3. 设计阐述

（1）设计构思

《自选题》是一部典型的批判现实主义的作品，它是一部社会问题剧，其具有浓郁的戏剧特征、思辨价值和喜剧色彩，而且以小见大，特点鲜明。现实主义剧作的服装表现，需力求服装形象能客观地再现现实环境，并通过类型化的款式给角色生命力，大到式样结构，小到微观局部，客观真实并与戏剧人物要求的性格结合。同时该剧的人物造型以写实为主，既赋予人物造型一种古朴怀旧的感觉，又不失青春时尚之感。

（2）重点人物造型设计分析

玛丽卡：一名高中生，有头脑、有想法、有判断力，坚守理想的青少年。虽然成长在传统的教育体制下，但她的生机与活力并没有遭到扼杀。玛丽卡平时装束：泡泡袖，小圆领，格子连衣裙，衬托出玛丽卡稚气未脱又十分倔强的性格特点。当玛丽卡穿上洁白的连衣裙站在托马斯面前，仿佛每个人都会被她的纯净感染。（如图 3-187）

玛丽卡父亲：具有社会声望的作家，广受尊敬。开始他想劝说玛丽卡听从校长和老师的劝告，做出妥协，但当他理解了女儿的内心，便坚定地站在女儿的立场上，给予她精神上的安慰和信念上的支持。浅灰色西服套装，紫格子领带，体现出玛丽卡爸爸的社会地位与身份。（如图 3-188）

玛丽卡妈妈：对玛丽卡十分溺爱，一直处于巨大的矛盾之中，一方面爱护女儿，另

图 3-187　玛丽卡

图 3-188　玛丽卡父亲

一方面坚持劝说玛丽卡回学校补考，但并不知道女儿真正需要什么。一身灰色连衣裙套装，并在下摆处加有若隐若现的褶饰，豆沙色蕾丝披肩，体现玛丽卡妈妈是一个精致的、追求完美的女人。（如图 3-189、图 3-190、图 3-191）

　　托马斯：玛丽卡的同学，中规中矩的团支书形象，不善于表达、刻板。与玛丽卡之间一直有一种很微妙的感情存在，但是两人追求的价值观不同，是个十足的两面派。灰蓝色上衣，卡其色裤子，帆布球鞋，略显呆板的高中生形象。（如图 3-192）

图 3-189　玛丽卡妈妈

图 3-190　玛丽卡妈妈

图 3-191　玛丽卡妈妈

图 3-192　托马斯

（二）正剧作品赏析《三姐妹》

1. 故事梗概

讲述了俄罗斯边远小城一个帝俄军官家庭中，三姐妹和她们的哥哥的故事。善良热情的三姐妹奥尔加、玛莎和伊里娜一直渴望回到她们度过少年时光的莫斯科，那里是她们的精神家园。然而，生活在悄悄地变化，哥哥安德烈娶了凶悍的妻子，美好的理想似乎离她们越来越远。奥尔加无法找到满意的工作，玛莎的情人将随部队离开，伊里娜的未婚夫意外丧生。不过，即使面对种种不顺，她们对于精神家园的渴望、对于美好生活的希望，却从来没有消逝。

2. 剧本分析

（1）剧本整体分析

《三姐妹》是契诃夫的一部经典的现实主义戏剧。这部作品不追求表面的激烈情感以及强烈的外部冲突，而是通过日常生活片段揭示人的内心情感与变化，反映了知识分子精神层面的痛苦。他们或努力奋斗着，或不满于现状叹息着，或在理想和现实中徘徊着。剧本告诉人们：虽然我们无奈地生活在平庸、仇恨，甚至屠杀当中，但是我们憧憬更有文化、更有品位的高尚生活，我们仍然愿意通过自己的劳动去创造明天更加美好的生活。契诃夫的这部戏把写实的手法凝练到了象征的高度，因此需要我们在这个相对写实的剧情中去寻找那些充满表现力的、具有象征意义的舞台创作手段，从而令观众在强烈的视觉符号中展开对于生活以及困境的深入思考。

（2）剧本幕间分析

第一幕： 在父亲去世一周年那天，正是伊里娜的生日，士兵和爵士等人来为她庆生。来自莫斯科的威尔什宁到访，他得到了玛莎的倾心。哥哥安德烈向姐妹们都讨厌的娜坦莎求婚了。这一幕事件发生的地点为三姐妹的家中，暖黄色的灯光烘托出了家的温馨以及三姐妹对于莫斯科的向往。（如图3-193、图3-194）

图 3-193 　《三姐妹》剧照

图 3-194 　《三姐妹》剧照

图 3-195 　《三姐妹》剧照

第二幕：狂欢节当日，娜坦莎取消了三姐妹举办的聚会，玛莎向威尔什宁诉说了自己对丈夫的不满，威尔什宁向她表白成功。索列尼向伊里娜表明心意，被伊里娜拒绝。娜坦莎让伊里娜搬去和奥尔加一起住，以腾出屋子给自己的儿子住。然而，半夜，她自己和男人约会去了。这一幕进一步交代了人们生活中的各种琐事，爱情、金钱、亲情等各种小矛盾出现，色调由原来的明亮、温馨转为阴郁、沉闷，为我们展示了人生中各种纠结和矛盾的故事。（如图 3-195、图 3-196）

第三幕：娜坦莎要赶走老佣人安菲萨，奥尔加因此与她发生激烈争吵，威尔什宁和部队的人要被调走的事情被告知。奥尔加劝告伊里娜嫁给男爵，这时，玛莎坦白自己喜欢威尔什宁，而安德烈则坦白了自己赌博将房产抵押一事。黑色和深蓝色这两种神秘色调的相互融合变幻，更加强调了各种矛盾的

图 3-196 　《三姐妹》剧照

图 3-197 《三姐妹》剧照

图 3-198 《三姐妹》剧照

复杂和剧烈。（如图 3-197、图 3-198）

第四幕：军团将要离开小镇，伊里娜将嫁给男爵，而索列尼因伊里娜一事向男爵决斗，男爵和索列尼纷纷在决斗中死去。威尔什宁跟玛莎告别，奥尔加、玛莎、伊里娜明白她们今后将独自生活，她们都很坚强地面对现实。明亮的暖黄色调子又回到了舞台上，人们在面对种种挫折和困难时，仍然会对人生、对生活、对理想充满希望，她们相信，只要有希望，就有动力，就可以实现梦想。（如图3-199、图3-200）

3. 设计阐述

（1）设计构思

在人物造型上，我们着重来表现理想与现实的矛盾斗争状态。以代表理想的白色为主基调，在纯洁的、美好的梦想中，掺杂着多种多样不同的来自现实的阻碍。而这些阻碍又来自不同方面，可大可小。因此，我们采用的是由"点"到"线"再到"面"的纹样表现手法，正如生活中那小小的不如意会累积成挫折，而无数次的挫折最终会垒砌成人们的动力而瞬间爆发。在服装颜色上，我们则根据每个人的身份、性格、特点等，找到可以体现每个人物特征的色彩来为之着色。这些由无数的"点"通过解构、重组而成的不规则的纹样，更加突出地体现了美好的梦想与错乱的现实之间的矛盾。

（2）重点人物造型分析

奥尔加：三姐妹中的大姐，在一家中学教书，后来做了校长，始终没有找到自己的爱情。其性格隐忍、内敛，有同情心，是典型的现实主义者。她虽有理想，但并不为

图 3-199 《三姐妹》剧照

图 3-200 《三姐妹》剧照

实现理想而努力奋斗。现实的不易让她容易满足，第二天没课就能让她感到幸福。她付出爱、努力去关心他人，希望可以让生活更加美好，但少有人肯回报予她同样的关怀。在服装的款式上，用经典的蕾丝领饰来表现这个人物的背景——19世纪末期的俄国上层社会小姐；在服装的颜色上，希望展现的主要是她的悲剧人生和面对挫折的态度——她是受过社会摧残的人，白衣服上渐变的墨色表示社会带给她的伤害和哀伤，而裙子上的渐变则体现着她的胆识、勇气与隐忍。（如图3-201）

玛莎：老二，奥尔加的大妹，伊里娜的二姐。有一些任性和虚荣，她不珍惜眼前所拥有的，只一味盯着那些"锅里的东西"，是理想主义者的代表。她所追求的都是理想的东西，而现实中她所希望的事情，样样都不如她意，由于不幸而变得有些烦躁，她的善良常令她感到痛苦。所以她的服装设计，造型上依然遵循表现主义的手法，袖口的仿蕾丝花边表现人物的身份；颜色上，依然使用象征纯洁的希望与梦想的白色布料，运用墨色的"点"来勾勒出成片的"面"，以此来表现她对于生活、对于爱情的无奈。（如

图 3-201　奥尔加　　　　　　　图 3-202　玛莎　　　　　　　　图 3-203　玛莎

图 3-204　伊里娜　　　　　　　　　　　　　　　图 3-205　伊里娜

图 3-202、图 3-203）

　　伊里娜：小妹，多才多艺，对生活充满热情，单纯、善良，是个有抱负的女孩。伊里娜的愿望不仅是希望回到莫斯科去生活，她还希望能用自己的双手通过劳动来创造生活，她认为只有这样的生活才有意义。她是真正为了自己的梦想而去努力的人，肯去奋斗、追求，但是她终究将这个世界想得太美好。在她的服装款式上，运用外套前襟的排扣来表现时空；在服装颜色上，运用的是大面积的白，以此来表现她的单纯无邪和她对自己梦想的极力追求，淡橘色的"点"与"线"组成的"面"来表现作为清纯少女的她依然无法与生活相对抗，淡淡的橘色在黄色灯光的照射下如同奶白色，表明来自生活的挫折与磨难带给她更大的动力为自己的理想去努力。（如图 3-204、图 3-205）

　　娜坦莎：哥哥安德烈的妻子，没有受过良好的教育。与安德烈结婚后，开始侵吞本应属于三姐妹的房产。凶悍、蛮横、自私，又生性风流、贪得无厌，可以说是庸俗的代表。她不懂审美，在第一幕中，当她来到富有诗意的三姐妹的家中时，她的市侩气表露无遗。对于她的服装造型设计，根据作者对于娜坦莎标志性的绿色腰带进行美学创作。首先，款式上，依然运用表现手法，从服装的局部出发，在袖口和领口运用大量蕾丝花边、内裙的裙摆这些经典的古代欧洲服饰元素，来表现剧情发生的时代背景。其次，颜色上，在白的大色调中为她选择了粉色，一是为了在视觉上凸显绿色腰带，绿色与粉色的强烈对比能够带来视觉上的冲击；二是为了表现她低俗的品位、高调的处事风格以及庸俗的欲望，粉红色的服装与三姐妹低调颜色的服装同样形成强烈的对比。这两种颜色带给观众的视觉感官对比，更加凸显这个人物的反面形象。（如图3-206、图3-207）

图 3-206　娜坦莎

图 3-207　娜坦莎

4. 设计图（如图3-208、图3-209、图3-210、图3-211）

图3-208 奥尔加

图3-209 玛莎

图3-210 伊里娜

图 3-211　安德烈

（三）正剧作品赏析《爆玉米花》

1. 故事梗概

奥斯卡颁奖典礼的第二天，在刚刚荣获最佳导演奖的著名好莱坞电影导演布鲁斯家中——位于贝弗利山庄的豪华寓所里，闯进了两位不速之客，韦恩和斯考特。他们是臭名昭著的购物中心系列凶杀案的凶手，同时又是布鲁斯拍摄的电影的狂热影迷。两个年轻人把布鲁斯和前来与之约会的著名裸体模特布鲁克扣为了人质，接着又扣押了前来商谈离婚事宜的布鲁斯的妻子和女儿。他们既不是为了谋取钱财，也不是要进行任何报复，而是为了在全美国电视观众的面前上演一场令人震惊和战栗的真人表演秀。

2. 剧本分析

（1）剧本整体分析

《爆玉米花》是英国剧作家本·艾尔敦编著的一部经典的暴力犯罪悬疑剧。剧本的故事情节紧张惊险、引人入胜，主题深刻，具有社会意义。探讨了暴力文化和暴力犯罪之间是否有因果关系，提出关于贫富悬殊、就业困难、媒体传播以及青少年教育等社会问题，从家庭、法律、社会制度等层面进行追踪和剖析，揭示了暴力文化所导致的种种不良社会影响，并对其进行了痛彻的批判，具有深刻的现实意义。

（2）剧本幕间分析（如图3-212、图3-213、图3-214）

第一幕：描述了从奥斯卡颁奖典礼当天到第二天早上发生的事情，从卡尔和布鲁斯对于晚上颁奖典礼的讨论、韦恩和斯考特溜进家中、宴会结束后布鲁斯将布鲁克带回家享乐再到韦恩与布鲁斯的相遇。描述的这些情节都在为第二幕中两人关于"谁来负责"的辩论作铺垫。

第二幕：韦恩和布鲁斯的辩论开始进入倒计时，卡尔已经被韦恩杀死，布鲁斯的妻子和女儿也被卷入，布鲁克被枪击中肩膀，警察和媒体开始介入，韦恩和布鲁斯的激烈辩论，直到最后韦恩的血洗全场。这不断加深的矛盾和冲突揭示着本剧的主题：到底是什么原因使暴力文化被盲目崇拜？这种暴力文化广泛流行的责任到底由谁来承担？

图3-212 《爆玉米花》剧照

图3-213 《爆玉米花》剧照

图3-214 《爆玉米花》剧照

3. 设计阐述

（1）设计构思

从情节来看，两幕的气氛是稍有区别的。第一幕中讲的是正常生活中的人们，工作、赚钱、享受是人们生活的组成部分，整体氛围是干净、透亮的，略微充斥着轻松、紧张的黑色幽默。第二幕的整体氛围是紧张的、暴力的、血腥的，运用冷色和暖色两种强烈对比的色调互换将带给观众们视觉和心理上的强烈感受，这种感受撞击着人们的灵魂，引起人们对于生活、文化、社会的重新审视。因此，人物的造型设计总体上以表现为主，略带夸张地表现反面角色，从令人紧张和战栗的节奏气氛、暴力和血腥的阴暗心理等方面出发，结合具有简约的造型语汇和简单黑白两色的舞台设计，将色调定位在白色、黑色和红色，依据每个人物的身份地位和性格特征，打造各自的形象。

（2）重点人物造型分析

韦恩：购物中心杀人案的凶手，性与暴力的狂热崇拜者。他的心理是扭曲变态的，他不知道自己在做什么，下一步又要做什么，是一个深受暴力文化影响、饱受不公平社会制度摧残的少年。在他的形象设计上，服装造型被设计为朋克风格，色调则为黑色。残破不堪的沾有血迹的黑色背心、被岁月染旧褪色的皮衣、油亮油亮的被血染红的黑皮裤、沾有灰尘和凝固的血液的黑皮靴、打有方钉的具有金属质感的黑皮带。这样夸张的朋克风格的设计更加凸显了他个性的反叛、阴郁的性格以及对于社会和政府的强烈不满。（如图3-215、图3-216）

斯考特：购物中心杀人案的凶手，与韦恩青梅竹马，是韦恩的狂热崇拜者，认为韦恩的一切都是对的。她简单、幼稚、容易轻信，并且有美好的理想。可以说她是韦恩的影子，拥有杰克性格的另一面，确确实实地沦为美国文化的牺牲品。作为韦恩的

图 3-215 韦恩

图 3-216 韦恩

追随者，她的服装造型必然也是代表反叛和抗议的朋克风格：肩膀处被撕碎的沾满鲜红血迹的黑 T 恤、漆皮的泛着亮光的超短裙、高高的黑色网眼丝袜、反光的长筒黑皮靴、露指的黑色皮手套、镶有锥形钉的手环、带有大大的环扣的铺满铆钉的宽皮带，无疑只有这样具有视觉冲击力的、与斯考特真实性格形成反差的狂野造型，才能替她深恶痛绝地斥责这个社会的黑暗。（如图 3-217、图 3-218）

布鲁斯：好莱坞著名导演，拍摄展示性和暴力文化的艺术家，通过暴力电影获得了奥斯卡金像奖。他是虚伪的，看重自己所谓的社会形象，一味地推卸责任，正是韦恩口中的那些虚假的、贪图享乐的社会上层人物的代表。为了体现他的身份地位，更是为了与他卑劣的本性形成强烈的反差，在造型上，把他设计成正统绅士的形象：黑色的燕尾服套装、白色的衬衣、黑色绸缎的领结。（如图 3-219）

布鲁克：著名的裸体模特，为《花花公子》等杂志拍摄照片。崇尚金钱、暴力和物质享受。她是一个有理想的人，然而她的理想并不是出于真心，而是出于周围人对于她裸模职业的讥笑和嘲弄。可以说，

图 3-217 斯考特

图 3-218 斯考特

图 3-219 布鲁斯

171

第三章
人物服饰造型设计构思

她也是这冷漠和暴力社会的无辜受害者。为了体现她是从宴会中回来以及她性感妩媚地勾引布鲁斯的片段，为她设计了一身以天鹅绒材质制作而成的有反光效果的红色紧身连衣裙、貂绒的短外套、黑色的丝袜以及当时那个年代流行的尖头黑色高跟鞋，这样的装扮也可以恰如其分地表现她的身份以及她对于金钱和物质享受的无限崇拜。

不同剧种人物造型设计

The Costume Design in Different Plays

4

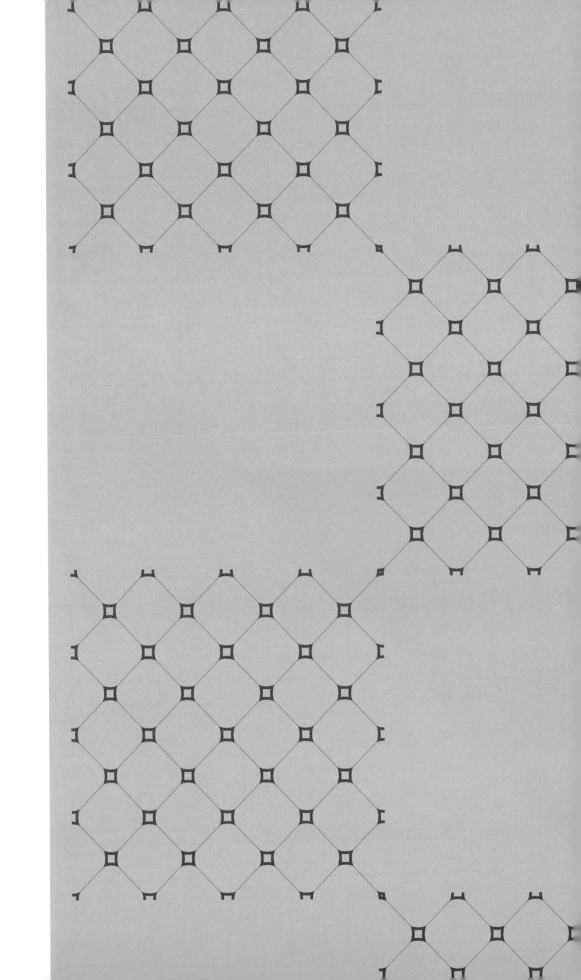

第 一 节

舞剧、歌剧的人物造型设计

一、舞剧

舞剧是一门动作艺术，是以舞蹈作为主要表现手段的舞台艺术，舞者运用肢体语言，通过有节奏的身体动作，在动态过程中表达人物情感，揭开戏剧矛盾冲突。

舞蹈的起源，可以追溯到原始部落时期，当时的人们认为一切自然物象都是有灵魂的，由此产生了图腾崇拜、巫术祭祀等，这些活动中都有舞蹈的参与，尤其是在巫术祭祀中，舞蹈是其最主要的表现手段。随着生产力的发展，人类的进步，许多形式简单、内容单纯、大众参与的自娱自乐的民间舞蹈不断产生，以致发展成为后来的古典舞、民族民间舞、芭蕾舞，现代舞等独特的舞蹈艺术形式，舞剧服装是舞蹈艺术的重要组成部分，它与舞蹈表演同属视觉艺术，对于舞剧氛围的营造和舞蹈寓意的表达都起着举足轻重的作用。

舞剧服装不同于一般的戏剧服装，它是为舞蹈表演服务的，所表现的是通过动作来展示某些象征性形象，服饰起的是辅助和衬托的作用，在舞剧的人物造型设计上，要求简洁、优雅、飘逸。舞剧人物造型与话剧影视人物造型相比，人物整体造型的形象上更加强烈、概括、象征、装饰性强。在设计中，服装的宽窄、长以及各个部位的松紧、前后左右的对称与否等，都会体现出不同的设计效果。舞剧的服装造型一般线条结构都比较简洁，要考虑到表演的需要，以舒适、飘逸、随形体为主，但不失曲线美感，多以"掩与露""虚与实"相结合，组成有节奏感的统一体。

舞剧分为多种形式，在人物造型设计手法和技巧上有共性也有特性。共性指的是：无论哪种剧种，讲究的都是形式美和动作化，形式美体现在造型的装饰性强、富有图案性；动作化则指的是款式上简约并且为演员的动作服务，不得成为累赘。特性则指的是：每一种舞蹈都具有各自的特点，如芭蕾舞剧的人物造型追求梦幻气氛和诗化情绪，象征意味更加浓烈；民族舞人物造型更追求写实效果，多带有喜庆色彩和地方风味，民俗化效果强烈。

　　舞剧的人物造型设计讲究抒情、优美，服装力求柔美、轻盈，色彩要富有装饰性，因而色彩的考量和搭配也是相当重要的，它往往给人"先声夺人"的第一印象，若要表现热情奔放的舞蹈，一般都使用红色，例如西藏的热巴舞，无论从舞台形式还是从欢快的鼓点声中，都能感受到这个舞蹈的热情与奔放。若是表现柔美、恬静的舞蹈，往往采用淡粉色系居多，例如江南水乡舞蹈，服装色彩运用了大面积的粉色，给人以温柔、甜美的感觉，能够凸显出江南水乡女子的特点，再于局部配以小面积蓝印花布的图案元素，以及点缀部分的浅紫色，更加强化了角色灵性、优雅、天真烂漫的人物形象。若要令人兴奋，表现活泼和华美，则多运用橘红、明黄这些明亮的暖色调。相邻的色彩进行搭配可以呈现出别样的效果，而反差较大的色彩在服装中进行搭配更是给人一种强烈的视觉震撼力，例如黑与白、冷色系与暖色系的强烈对比，色彩的跳跃性，使舞蹈服装的形象认知度得到提高，从而加深了人们的视觉印象，增强了舞蹈的审美情趣。通常人们认为红配绿很俗气，但在舞剧中如果比例搭配适当，犹如红花配绿叶能够显得分外妖娆娇媚。在以乡情为基调的舞剧作品中，提取中国乡间红墙绿瓦的鲜明色彩，又点缀以黑白金银的团绣，给人既拙朴又浪漫的感觉，服装色彩浓郁丰富，一眼看去形成了极为生动的色彩之流，红黄蓝绿相互映衬，发挥着惊人的感染作用。

舞剧基本是靠舞蹈动作来表现剧情内容的，因此演员会在表演中做出旋转、翻腾、跳跃等高难度的舞蹈技艺动作，因此这就对服装的面料选材提出了很高的要求，选用合适的面料进行设计，使演员能够有的放矢地、轻松自如地施展自己的舞蹈动作技巧，多采用轻质材料，这样的设计能够适应大幅度的动作，以此来帮助演员完成演出，而不能让服装成为动作的羁绊。目前舞剧服装设计已经不再受到服装材料的限制了，从丝织品到金属品，可以说无所不用，但考虑到实际的表演情况，一般情况下依然以轻薄面料为主，尤为讲究面料的表面质感、光泽度、韧性等特性，并对面料的垂感和飘逸度有较高的要求，多以仿真丝、高弹氨纶、雪纺纱、皮革、仿真毛等材料为主，例如在学生作业舞剧《宝莲灯》中（如图4-1、图4-2、图4-3），服装设计既要符合其年代形制，又要根据舞剧服装对于面料的特殊要求而使用轻薄的丝纱质感布料。为增强舞动美感并体现古典舞的特色，并营造神话故事情节的仙韵气氛，故将角色衣袖部分设计为夸张的水袖形态，随着演员灵动轻盈的舞姿以流畅的线条挥洒于舞台间，将戏剧情节推向高潮。在舞剧服装设计中，一般会将对比度较强的材料放在一起，如粗与细、硬与软的搭配，使服装具有较强的立体表现力。我们还可以根据需要进行面料的再处理，以进一步改变面料的质感。一般可以对面料进行变形再造、钩编织、破坏性设计、装饰设计、混搭设计等。除面料外，舞剧服装设计的细节装饰工艺也尤为重要，装饰性的设计和象征性的表现，通常在服装的边缘、缀饰、挂件、飘带、披纱上做文章，具体装饰工艺如盘花、刺绣、珠翠、边饰、钉饰、花饰、图案等，对于曼妙的舞蹈表意起到了重要的烘托辅助作用，设计者在使用装饰上一是要求图案清晰，二是要注意装饰内容的准确性，不同民族、年代，不同风格的舞蹈都有其代表性的装饰，不可混淆乱搭。

图4-1 学生作业:《宝莲灯》沉香

图4-2 学生作业:《宝莲灯》三圣母

图 4-3　学生作业：《宝莲灯》百花仙子

二、歌剧

　　歌剧是一门以声乐和器乐为主，综合了诗歌、音乐、舞蹈等艺术的戏剧综合艺术。歌剧最早可追溯到古希腊时期的悲剧，其艺术形式是歌剧艺术产生的渊源；歌剧真正形成于 16 世纪末意大利的佛罗伦萨，是由于一批热衷于恢复古希腊戏剧文化艺术界的名人不满当时的演唱方式，认为复调音乐破坏歌词意义的表达，主张采用单声部旋律，并且在实践中发现：在和声伴奏下自由吟唱的音调不但可以用在同一首诗歌中，还可以用于整部戏剧中，随后就产生了最早的歌剧。

19 世纪，法国出现了一种真正意义上的歌剧"大歌剧"，这是一种具有国际风格的大型歌剧，题材为史实或虚构的历史故事，舞台极为华丽，充满了奇景艳服，大型方阵队列和芭蕾舞都包括其中，《茶花女》《图兰朵》都是这一时期盛名的作品。

歌剧含有音乐与戏剧的双重成分，适合表现故事单纯背景广阔带有传奇色彩的题材，着重表达和抒发的是诗意的激情，结构相比话剧来说更加明快，有宏大的群众场面和丰富的和声效果。

传统歌剧的服装从其艺术形式的萌芽起，便有极为明显的人物性格特征以及较为夸张的形式特征。歌剧的舞台表演的方式是以剧中人歌唱为主、动作为辅的表现方式，也是决定服装样式的另一个由来，这表现于服装在色彩上的高度讲究，质感上的极度追求和形态上的大力夸张。几个世纪走来，尽管在服装的风格和样式上的追求不尽相同，但歌剧服装的这一特质却从未变更。

歌剧的人物造型设计除了要遵循话剧人物造型的基本规律，更要注重的是歌剧场面的浩大和恢宏壮观，以及主人公形象与场面中群众形象的相互辉映，要有主次、前后之分。歌剧讲究场面性，也就相应地要求人物造型的设计更加具有装饰性和华丽感，及其讲究人物造型的豪华场面。歌剧的人物造型上，大多采用大量的装饰处理，如华丽的服装面料、绚烂的图案纹样、硕大的羽毛插件、夺目的佩饰处理等，这样才能充分地营造出大气磅礴的歌剧场面。例如在学生作业歌剧《虎符》人物造型设计中，服装使用了大量繁复而华丽的图案纹样，服饰色彩浓烈，袖子和衣摆廓形夸张，彰显这部歌剧的壮烈感和悲情氛围。（如图 4-4、图 4-5）再如著名服装设计师郭培所设计的新版意大利经典歌剧《托斯卡》的服装，当女主角托斯卡出现在教堂时，她的服装造型就很有震撼力，特别是展开半圆形的水袖，十分夸张的整体造型写意而抽象，并且与之后遭受厄运时的服装形象形成鲜明对比，设计师通过华美而夸张的服装造型，放大悲剧的力量，给观众以强力的视觉冲击和戏剧力量。

意大利剧作家普契尼的歌剧《图兰朵》则是对中国的服饰文化进行了融合，运用了很多中国元素和西方结合。剧中主角图兰朵是中国古代传说中的一位公主，她高傲而残酷，在剧中，她身着带有主观创作感的多褶长裙表达其高贵的身份。当图兰朵头戴普契尼想象中巍峨高耸的月白色水晶玉片缀成的皇冠出现在一片冰冷的月色背景中，塑造了她的高贵、美艳与冷酷的性格；剧中三哥丑角大臣——平、庞、彭，则身着暗红、宝蓝、紫色朝服。在这部歌剧中，服装设计师们成功地运用了中国传统服饰进行再创造，强化

图 4-4 学生作业：《虎符》魏太妃

图 4-5 学生作业：《虎符》如姬

了剧中人物的性格，亦反映了普契尼理想中的图兰朵形象，他将中西服饰文化及审美相互融合得恰到好处，形成了独特的风格。剧中服饰加大了廓形与体量，虽没有严谨地遵循考据，但正是在这种创造性的组构，虚实相间创造了经典角色。

第 二 节

音乐剧的人物造型设计

音乐剧又称歌舞剧，是音乐、歌曲、舞蹈、戏剧、杂耍、特技和综艺结合的一种音乐表演剧种。音乐剧 19 世纪起源于英国，后来在西方获得迅速发展并广泛传播至世界各地。例如，我们耳熟能详的《狮子王》《妈妈咪呀》《猫》等百老汇音乐剧，这些音乐剧的不断发展形成了 20 世纪音乐领域一个令人瞩目的艺术现象，并逐步完善发展成为综合性舞台艺术形式，形成了以戏剧为基础、音乐为主导、舞蹈为重要表现手段的基本形态。它以幽默、讽刺、感伤、爱情、愤怒等情感引发剧情，再通过演员的语言、音乐、动作以及固定的演绎传达给观众。

虽然音乐剧和歌剧、舞剧、话剧等舞台表演形式有相似之处，但它的独特之处在于，它对歌曲、对白、肢体动作、表演等因素给予同样的重视。音乐剧通过演员的语言、音乐、动作以及独特的演绎方式传达给观众所要表达的剧情、内容与情感，并使观众得到愉悦或更多的感受。

音乐剧的剧场形式和歌剧十分相近，但两者通常有许多不同的元素来辨别：音乐剧通常更注重对白、舞蹈和大量运用流行乐曲的特色。这样的不同特色也体现在对演员的要求上：歌剧的表演者通常会被要求歌优于演，也很少会被要求有舞蹈能力，然而音乐剧表演者则是通常被要求演优于歌，并需要有舞蹈能力。

早期的音乐剧没有成型的剧本，只是以一个戏剧的框架将歌舞表演串联而成的。这个戏剧框架往往会相当粗糙，但作者和观众们似乎并不太在乎剧情是否合理、故事是否有表现力，而是更多地关注其中是否有好听的歌、好看的舞和漂亮及演技高超的演员。直到 1927 年，《演艺船》在美国的上映才有所发展。这部作品将音乐、歌舞与戏剧统一为一个完整有机的整体，并为表现深刻的戏剧内容服务，在艺术上达到了相当的高度。

由此，音乐剧开始重视叙述性和有机性，开始有说、有唱、有舞地去演绎一个个曲折动人的故事。

音乐剧中的人物造型设计应该以音乐剧的形式与风格为前提，创作出适合音乐剧表演的造型。音乐剧演员分为两大类：一类是以歌唱为主的演员。这类演员的造型要注重服饰创作的形态，其造型要能够更好地融入舞台空间。另一类是以舞蹈形式为主的演员。首先，我们要考虑造型必须符合人物的性格特征，其次，我们更多的是要处理好服装的可动作性。只有处理好这几点，才能使整部剧统一中又不失灵动。

一、音乐剧作品赏析《伪君子》

（一）故事梗概

奥尔恭因信任答尔丢夫伪装的虔诚宗教形象，将之迎到家中奉为圣人，且不顾全家的极力反对及女儿与瓦赖尔的婚约，执意将玛丽亚娜连同一些隐秘文件送给答尔丢夫。为此，奥尔恭与儿子达米斯反目，他把儿子赶出家门后，又签下了赠送财产与答尔丢夫的契约。奥尔恭的妻子欧米尔为了使丈夫看清答尔丢夫的真面目，引其露出真情。怒火中烧的奥尔恭决定将答尔丢夫扫地出门，而答尔丢夫则企图利用产权与掌握的秘密置奥尔恭于死地。关键时刻，英明的王爷戳穿了答尔丢夫的诡计，令侍卫将其逮捕，同时赦免了奥尔恭的过错。莫里哀在剧中非常成功地塑造了性格突出的典型形象——答尔丢夫，使得这个名字从此成为伪君子的代名词。

（二）剧本分析

1. 剧本整体分析

音乐剧《伪君子》改编自法国 17 世纪著名古典主义喜剧作家、戏剧理论家莫里哀的经典代表作之一。该剧是正义与邪恶之间的战争，揭示出伪君子与正人君子、善与恶、真与假之间的人性较量。剧中充满风趣、欢愉、鄙夷、令人开怀的笑。在笑声和各种大小矛盾中，塑造了专制顽固的奥尔恭，不畏强权、沉着大胆的女仆桃丽娜，美丽又充满智慧的欧米尔，勇敢无畏、快人快语的达米斯。通过不同人物与达尔丢夫的不同矛盾，侧面对答尔丢夫的伪善进行赤裸裸的讽刺。《伪君子》是一部古典主义创作原则与民间喜剧手法结合的杰作。莫里哀创造性地运用了"三一律"：剧情围绕揭露答尔丢夫的伪善性格而展开，地点始终是在奥尔恭家里，时间为 24 小时。莫里哀在吸收了各种戏剧手法的基础上，创造了风格独具的近代喜剧，既严整均衡、单纯集中，又曲折活泼，富有情致。

2. 剧本幕间分析

第一、第二幕：所有人都看穿答尔丢夫伪君子的把戏，只有奥尔恭和他的母亲对答尔丢夫无比崇拜、言听计从，奥尔恭甚至要将女儿许配给答尔丢夫。桃丽娜打算帮助促成玛丽亚娜和瓦赖尔的婚事，拆穿答尔丢夫伪善的面具。欢快愉悦的开场，以及通过白尔奈耳夫人与一家人吵架，一下子就揭开了矛盾，为答尔丢夫的格格不入埋下伏笔。该幕服装造型华丽而具有厚重感。（如图 4-6）

第三、第四幕：答尔丢夫终于在第三幕出场了，他顶着虚伪的面具，以谦卑的形象骗奥尔恭把全部财产转赠他，并将自己的女儿也嫁给他。欧米尔假意对答尔丢夫动心，让躲在桌子下的奥尔恭看清答尔丢夫的真面目。该幕气氛紧张，整体造型色调偏暖，为人物增添几分喜剧色彩。（如图 4-7）

第五幕：答尔丢夫恩将仇报，陷害奥尔恭并将奥尔恭全家赶出去。关键时刻，王爷命侍卫将答尔丢夫逮捕，并因奥尔恭早年效忠王室饶恕其罪过。最终结局皆大欢喜。人物造型通过类型化的款式赋予角色生命力，从式样结构、微观局部和细节装饰，客观真实带有严格的考据并与戏剧人物要求的性格结合。（如图 4-8）

图4-6 《伪君子》剧照

图4-7 《伪君子》剧照

图 4-8 《伪君子》剧照

（三）设计阐述

1. 设计构思

该剧是一部喜剧，人物造型的整体构思带有一定诙谐讽刺的表现手法，整体造型追求一种比例失衡的感觉，但最终没有达到预想的比例关系。以 16 世纪欧洲服饰原型作为设计基础，融入图案与肌理，突出个体形象元素，强调个性化人物。运用当时的图案纹饰，不仅交代了时间，也表现了角色的地位和身份，强化了厚重而华丽的视觉效果，色彩选择配合面料强化戏剧氛围，营造喜剧色彩。

2. 重点人物造型分析

答尔丢夫：假信徒，伪君子，表面清心寡欲，实际拼命追求世俗享乐，觊觎奥尔恭的财产，而且心狠手辣。达尔丢夫的服装以神父的道袍为基本款式，领口、肩部、袖

图 4-9 答尔丢夫　　　　　　　　　图 4-10 奥尔恭　　　图 4-11 欧米尔

口用肌理作为修饰，来凸显他道貌岸然的绅士形象。（如图 4-9）

　　奥尔恭：思想保守，害怕自由思想，对宗教异常狂热，轻信他人，愚蠢固执。面料图案的肌理效果，以及具有 16 世纪欧洲特色的图示纹样，华丽和厚重感体现了奥尔恭的身份地位。（如图 4-10）

　　欧米尔：奥尔恭的妻子，温柔贤惠，美丽又充满智慧，利用计谋揭穿了答尔丢夫伪善的面具。其中蓝色裙装外加罩纱设计凸显出欧米尔的端庄大气。（如图 4-11）

（四）设计图（如图 4-12、图 4-13、图 4-14、图 4-15、图 4-16）

图 4-12 奥尔恭　　　图 4-13 达米斯　　　图 4-14 桃丽娜　　　图 4-15 欧米尔　　　图 4-16 答尔丢夫

二、音乐剧作品赏析《名扬四海》

（一）故事梗概

一群怀抱着明星梦想的年轻人，经过层层选拔，终于可以进入自己期待已久的著名艺术院校学习。当期待变为现实，每一个年轻人都认为自己能够成为明日之星。他们张扬个性，坚持自我，渴望一夜成名，殊不知他们的学习道路上将会经历不同的坎坷。这些怀揣梦想的年轻人经历了四年学习生活的磨炼，慢慢变得成熟起来，他们明白要想名扬四海就必须坚持不懈、努力工作，并真正爱上舞台，最后唱出那首《期待着明天》，踏上了他们的艺术发展道路。

（二）剧本分析

1. 剧本整体分析

《名扬四海》是美国百老汇经典音乐剧之一，有青春靓丽的演员，激情四射的舞蹈，动感时尚的舞台。舞台上，演员们充满热情，感情真挚，生动地演绎着一群热爱艺术、梦想成名的年轻人。仿佛是在诉说自己，困惑与迷失、矛盾与挣扎，最终破茧成蝶。

2. 剧本幕间分析

第一、第二幕：从同学们接到艺术学院的录取通知书到入学后紧张的学习，到处洋溢着青春、活跃的气氛。同学们积极乐观向上的心态、曼妙的舞姿、动人的歌声极具感染力。个性张扬的卡门，谦逊有力的施罗莫，叛逆放肆的泰隆，胆小害羞的赛琳娜等，同学们性格各异且鲜明。整场气氛轻松愉悦，色彩明快。

第三、第四幕：在学习过程中，同学间的矛盾不断，不过也因这些矛盾更加促进了彼此间的友情。通过芭蕾舞课、台词课、青年艺术节等不同事件交代了不同的矛盾冲突，以不同的矛盾诠释了同学们对艺术同样的热爱。整体人物造型体现了人物的年龄、性格以及精神状态，这种适当的夸张和强化使观众一目了然。

第五幕：最后的毕业典礼，群舞等。整体服装造型为人物动作提供物质支撑条件，创造饱满、热情的舞台气氛。

（三）设计阐述

1. 设计构思

《名扬四海》是一部百老汇的青春题材音乐剧，其遵循现实生活中的具体性，所表现的形式是忠实地再现生活的片段，对服装的要求是强调写实的物理环境。人物造型的设计构思要体现时代、季节、地点、气氛、性格等，并贯彻现实的具体性与身临其境的造型感。该剧的服装表现，力求达到服装形象客观地再现现实环境，并通过类型化的特征给予角色新的生命力，在客观、真实、严格的考据之后，创造出合理的、符合整体创作风格的人物造型。

2. 重点人物造型分析

卡门：美丽、性感、火辣，她渴望一夜成名，可终于抵不住名利的诱惑而放弃学业，孤身来到洛杉矶，却发现自己离梦想越来越远。第三幕中的黄色修身短袖上衣、红色牛仔裤，显现出卡门性感火辣的身材。

泰隆：拥有舞蹈天赋的泰隆，因为学习成绩不合格，被老师批评后想要离开学校，最终在老师、同学的帮助下无忧无虑地去追寻舞蹈梦想。黄色发带、橙色运动背心、牛仔裤符合叛逆泰隆的形象特征。

艾丽斯：美丽、温柔、善良、学习成绩优异，由于出身卑微怕别人瞧不起而有些自卑。在泰隆和艾丽斯吵架的这场戏中，艾丽斯淡粉色长款薄纱芭蕾舞裙显现出艾丽斯的姣好身材的同时，也体现了她温柔善良的性格。

（四）剧照（如图4-17、图4-18、图4-19、图4-20、图4-21）

图4-17 《名扬四海》剧照

图4-18 《名扬四海》剧照

第四章
不同剧种人物造型设计

图 4-19 　《名扬四海》剧照

图 4-20 　《名扬四海》剧照

图 4-21 　《名扬四海》剧照

舞台人物服饰
造型设计基础

三、音乐剧作品赏析《为你疯狂》

（一）故事梗概

鲍比·查尔德是纽约一个银行家的儿子，醉心舞蹈却没能得到赞格勒剧院的赏识。在去内华达州追回银行贷款时，鲍比爱上了"快乐剧院"老板的女儿波莉·贝克，并假扮赞格勒制作新剧，企图挽救即将被银行收回产业的"快乐剧院"，波莉却对假赞格勒日久生情。新剧惨败，真赞格勒来到小镇，好戏轮番上演。那种不管不顾的歌词，放在20世纪二三十年代美国经济大萧条时期的大背景下，面对失业，美国人的乐观和自信令人佩服。

（二）剧本分析

1. 剧本整体分析

音乐剧《为你疯狂》自20世纪90年代初在百老汇诞生以来，已在世界多个国家上演并获奖，经久不衰。整个剧目精彩纷呈、幽默诙谐。演员们优美明亮的嗓音和充满激情的舞姿，把剧中人物表现得淋漓尽致。在这出音乐剧中，舞蹈占了相当大的比重，极具美国风格的踢踏舞几乎贯穿全场。还有银盘舞、椅子舞、铁锹舞等极具美国风情的舞蹈场面，为整部音乐剧起到了举足轻重的作用。除了音乐和舞蹈，更重要的是戏剧情节本身吸引观众。其中欢快热闹、阳光积极的气氛，很能体现音乐剧的魅力。

2. 剧本幕间分析

第一幕：鲍比十分热爱舞蹈，但无奈无人欣赏，面对母亲的逼迫、未婚妻的纠缠，他始终坚持着自己的梦想。在多方压力下，他选择前往内华达州的小镇去追回银行贷款。在鲍比内心的小世界里有着绚丽的舞台，华丽的衣服和他热爱的舞蹈。（如图4-22、图4-23）

第二幕：鲍比来到小镇后，马上被性感泼辣的波莉和具有戏剧性生活的村民吸引，小镇上的人们生活散漫但却具有娱乐精神。鲍比对波莉一见钟情，开始了猛烈的追求。这引起了沙龙主任兰克·霍金斯的不满，因为他也喜欢波莉，因此对鲍比这个情敌恨之入骨。（如图4-24、图4-25）

图4-22 《为你疯狂》剧照

图4-23 《为你疯狂》剧照

图4-24 《为你疯狂》剧照

图4-25 《为你疯狂》剧照

图4-26 《为你疯狂》剧照

舞台人物服饰
造型设计基础

第三幕：鲍比发现自己进退维谷，如果他关闭剧院，则要失去波莉。突然，他灵机一动，决定上演一台节目，让剧院盈利，从而避免被关闭的命运。波莉原本很支持这个计划，但是突然发现鲍比竟然是要关闭剧院的人，从而愤怒地退出。鲍比十分伤心，但是决定假扮赞格勒先生把演出进行下去。鲍比打算假扮赞格勒帮助他们把剧院留住，该幕整体气氛轻松活泼，充满喜剧色彩。（如图 4-26）

第四幕：几天后，赞格勒剧院的几个富丽秀女孩因度假来到小城，鲍比请她们在这里上演一台节目，常年不见漂亮姑娘的居民因此兴奋不已。波莉爱上了鲍比假扮的赞格勒先生。就在鲍比觉得一切顺利时，未婚妻艾琳来到这里，威胁要揭发他。鲍比以真实身份向波莉求爱，但波莉还爱着那个假赞格勒先生；当他要说出实情时，真的赞格勒先生出现了，他在寻找逃走的苔丝。他找到苔丝，苔丝仍然拒绝他。他一气之下喝得烂醉，同时因为失去波莉而痛苦不已的鲍比也打扮成赞格勒的样子，在沙龙里喝闷酒，两人同时抱怨着生活的不如意。原本来找鲍比的艾琳意外被兰克吸引，她想尽办法引诱他。（如图 4-27）

图 4-27 《为你疯狂》剧照

第五幕：鲍比假扮赞格勒被识破，但通过努力让小镇上的人们重燃留住剧院的希望并接受了他银行家儿子的身份。最终结局皆大欢喜，剧院被保留下来，鲍比与波莉有情人终成眷属。整场情节紧凑，气氛紧张。（如图 4-28、图 4-29）

图 4-28 《为你疯狂》剧照

图 4-29 《为你疯狂》剧照

（三）设计阐述

1. 设计构思

《为你疯狂》是充满浓郁的美国色彩的百老汇音乐剧，导演的整体构思是以原版音乐剧为基础，力求在古朴中融入一些现代感，同时，也适当地渗入一些中国元素。在设计该剧时强调年代感，力求营造一种感同身受的氛围，整体造型追求一种复古美。例如，第一幕服装颜色明艳，长羽毛、蓬蓬裙，充满美国红磨坊式风格。其中，面料是表现舞台艺术灵魂和生命的媒介，面料的选择更是体现舞台服装设计思想的物化语言。通过舞台服装面料设计的运用，能让观众内心产生独特的感受，引导观众进入舞台的规定情境，烘托整体氛围；对面料进行再造与组合，赋予面料新的外观和明确的内涵，通过面料构成的服装形式来引发观众的思考，体现服装设计的特点与制作意图，在与众不同的艺术样式与视觉效果中追求设计的生动性和鲜明性。

2. 重点人物造型分析

鲍比：心怀梦想可无奈无人欣赏，再加上家族的压力只能被迫放弃梦想，在母亲安排下到美国西部小镇追回银行贷款，无意间遇见知心爱人并重拾梦想。第二幕，鲍比初到小镇，一身灰色西服套装，黑色礼帽，虽然窘迫但不失绅士的品格。第三幕鲍比假扮赞格勒出场，白衬衫、黑领结、棕色西服套装。最后一幕，鲍比一身白色西装出场，突显出鲍比帅气的外表，给观众一种白马王子的感觉。

波莉：美丽动人，性感泼辣，具有西部牛仔般放荡不羁的性格，在小镇是所有男人的梦中情人。白衬衫、格子裤、带有流苏的皮质马甲，干练中不失性感。第一身棕色系搭配与鲍比相呼应。（如图4-30）第三幕，波莉的服装更换为丝质淡蓝色翻折 V 领连衣裙，抽褶收身，斜裁短袖，及膝喇叭式裙。随着剧情发展，凸显出波莉温柔女人的一面。（如图4-31）最后一幕，波莉穿着一身洁白礼裙与鲍比相遇，这款白纱礼裙表现出波莉与鲍比纯洁的爱情，其中斜裁短袖，收腰设计，裙摆处用羽毛做点缀，这些小细节作为整件服装的亮点。

图 4-30　波莉　　　　　　　　　　图 4-31　波莉

（四）设计图及剧照

1. 设计图（如图 4-32、图 4-33、图 4-34、图 4-35、图 4-36、图 4-37）

图 4-32　牛仔甲　　　　　　　　　图 4-33　波莉

图 4-34　波莉

图 4-35　鲍比

图 4-36　舞者

图 4-37　舞者

2. 剧照（如图 4-38、图 4-39）

图 4-38　《为你疯狂》剧照

图 4-39　《为你疯狂》剧照

四、音乐剧作品赏析《拜访森林》

（一）故事梗概

　　该剧汇集了《格林童话》中《杰克与魔豆》《灰姑娘》《小红帽》《长发公主》四个脍炙人口的故事。当面包师和他的妻子得知他们被隔壁的女巫下了无子的诅咒之后，

舞台人物服饰
造型设计基础

200

他们开始寻找特殊的解药——像奶一样白的牛、鲜血一样的披风、稻穗般金黄的头发和黄金般的鞋子。为了解除诅咒，他们不惜欺骗、撒谎和偷盗。在第一幕结束时，每个人都实现了自己的愿望，但他们之前的所作所为造成的影响开始带给他们灾难性的后果。从天而降的女巨人不断威胁着，有些人死去了，幸存者开始意识到为了活下去，必须合作。

（二）剧本分析

1. 剧本整体分析

《拜访森林》是一部"成人童话剧"，具有讽刺意义。原本互不相干的主角们，在作者巧妙的串联下，涉入对方的生活。其中蕴含的"教育"意味均以故事中的经验教训带出，且不时出现令人爆笑的对话。剧本颠覆了童话世界中幸福和美满的幻想，表现的是现实生活中的各种危机，告诫人们理想和现实是不同的，同时也告诫人们每个人都会犯错，都无法逃避现实，而处理事情的关键就在于犯错之后是选择逃避还是补救，人们要学会成长，学会处理人与人之间的关系，面对道德考验时，要勇于承担自己的责任。

2. 剧本幕间分析

第一幕：交代了事件发生的背景，面包师和他的妻子在得知被下了诅咒之后，开始踏上了他们的解咒之旅。在这个过程中，他们遇见了想参加宫廷聚会的灰姑娘、想去看外婆的小红帽以及要去卖掉自己心爱的乳牛的杰克，从而发展出四段追求梦想的故事，最终，灰姑娘当上王妃；小红帽救出了外婆，杀死了害她的大灰狼；杰克从巨人那里偷来了金子，赎回了自己的乳牛；面包师终于找齐了四样东西，使得女巫恢复了美貌，而他们夫妻俩也终于摆脱了诅咒的困扰。第一幕的整体氛围是欢快的、活泼的，呈现的是浪漫的童话色彩，人们都在为了愿望而拼搏。（如图4-40、图4-41）

第二幕：剧中角色开始经历他们不顺遂的考验，他们开始发现自己原来想要得到的不一定是最美好的，女巫恢复了容貌，而失去了法力；面包师有了孩子，却因为金钱

第四章
不同剧种人物造型设计

图 4-40 《拜访森林》剧照

图 4-41 《拜访森林》剧照

而夫妻不和；灰姑娘嫁给了王子，却发现王子的好色本性；而女巨人因为丈夫的死亡下
来找杰克算账，最终伴随着许多人的死亡。他们开始明白：必须团结，必须悔过，必须
战斗，才能赢得生命的尊重。第二幕的氛围是带有阴郁、悲伤的色彩的，人们开始回归

图 4-42 　《拜访森林》剧照　　　　　　　　图 4-43 　《拜访森林》剧照

现实，开始认识自己的错误，悔过自新。（如图 4-42、图 4-43）

（三）设计阐述

1. 设计构思

音乐剧《拜访森林》汇集了《杰克与魔豆》《灰姑娘》《小红帽》《长发公主》四个脍炙人口的童话故事。但整部剧并不是单纯的童话，也是讲给所有成年人的富有寓意的故事。所以在人物造型设计上，是非儿童化的。人物设定没有固定的时代背景，主要以西方 19 世纪服装样式为基础混搭《格林童话》风格，达到一种现实与童话的交融。第一幕的整体基调是轻松愉快的，呈现浪漫幻想的童话氛围，人物造型偏向童话感觉。第二幕则是回归现实的写照，人物造型设计随之变得真实。

2. 重点人物造型分析

灰姑娘：第一幕开场，受到继母和姐姐欺负的可怜的灰姑娘，造型上以破旧碎花上衣搭配布满补丁的灰蓝色裙子。随后去参加舞会的裙子，是以 19 世纪初浪漫主义时期的女装为基础，选用白色真丝面料，并在外层附上亮片网纱，搭配水晶花装饰，使裙子看上去闪耀灵动、富有梦幻璀璨的仙气，与众不同，达到很强的舞台效果。婚礼服装

图 4-44 灰姑娘　　　图 4-45 灰姑娘　　　图 4-46 灰姑娘　　　图 4-47 灰姑娘

同样以 19 世纪女装为基础，并添加了那个时代独具特色的袖型。第二幕王妃装以耀眼的正红色为主调，在红色的法兰绒上绣有金色刺绣，搭配毛皮披肩，整个造型端庄大气。（如图 4-44、图 4-45、图 4-46、图 4-47）

　　杰克：单纯天真甚至有点傻的孩子，让人想到了象征青春的绿色。杰克的整体造型设定比较脱离现实，更强调童话性。没有使用传统常见的双肩背带裤，取而代之地为他设计了翠绿色的单肩背带裤，这样看上去略显滑稽，却更贴合人物形象。裤子细节遵循 19 世纪男裤在裤裆前有挡布的裤型，加上超短款的米黄色麂皮流苏马甲，帽子造型的灵感来自他钟爱的宠物乳牛的犄角，凸显他的天真单纯。（如图 4-48、图 4-49）

　　女巫：女巫是所有角色中最矛盾的一个，她的表象让人害怕、讨厌，她却始终非常真诚。基于她的特性，也是最具变化的一个角色，所以在设计上没有局限在一个固定的时代。第一幕老年女巫服装造型，外衣选用有颗粒肌理质感的肉色面料，看上去很像女巫老年状态时布满肉瘤的皮肤；同时选用抽象图案的灰紫色丝绒面料做裙子，再套上深褐色的麻布斗篷，让老年女巫从表象上给人一种可怕刁钻的感觉。第一幕结尾，恢复了年轻美貌的女巫，造型借鉴了 19 世纪末的巴斯尔样式，以美艳可人充满诱惑力的粉色丝绸为主，配上金色亮片网纱，使整体造型看上去明艳动人，魔幻感十足。第二幕的女巫造型摒弃了上一幕梦幻的感觉，回归现实，造型带有现代感，连衣裙选用深紫蓝色

图 4-48　杰克　　　　　　　　　　　　图 4-49　杰克

面料，在领口用黑羽毛做装饰，增加了女巫的神秘感。（如图 4-50、图 4-51、图 4-52）

　　小红帽：这是一个偏重童话意味的角色，但在设计上并不想让小红帽"红"得那么彻底，想让她成为更加真实的存在。对于她的造型，设计上只保留了最具象征性的纯红色的斗篷，选用橘红色的条绒马甲搭配碎花荷叶袖上衣和草莓图案的蓬蓬裙，让这个角色看起来非常活泼可爱。（如图 4-53）

图 4-50　女巫　　　　　　　图 4-51　女巫　　　　　　　图 4-52　女巫

图 4-53　小红帽

图 4-54　小乳白

　　小乳白：与以往版本不同的设定，这个角色使用了手偶元素，让整部剧更加多元化。根据剧本对小乳白的描述，这是一头通体白色的牛，所以对操控的人和偶都统一处理成白色。操控人领围选用白色皮质面料，与衣料材质形成反差。手偶造型以牛的形象为基础，但带有一种不对称感，让它有别于真实。（如图 4-54）

（四）设计图及剧照

1. 设计图（如图4-55、图4-56、图4-57、图4-58、图4-59、图4-60、图4-61、图4-62、图4-63、图4-64、图4-65、图4-66）

图4-55　灰姑娘　　　　　　图4-56　灰姑娘婚纱　　　　　图4-57　灰姑娘的姐姐

图4-58　灰姑娘　　　　　　图4-59　杰克　　　　　　　　图4-60　杰克

图4-61 女巫

图4-62 女巫

图4-63 女巫

图4-64 小红帽

图4-65 王子

图4-66 小乳白

2. 剧照（如图4-67、图4-68）

图4-67　《拜访森林》剧照

图4-68　《拜访森林》剧照

第四章
不同剧种人物造型设计

第 三 节

戏曲的人物造型设计

最初的戏曲艺术是从表演中揭示的。这种景的表现密切结合着人的表演，成为描绘人物心理、情绪的一种手段，因此对于人物造型的要求就显得非常重要了。传统戏曲非常重视人物形象的塑造，人们经过长期的舞台实践经验，总结完善并制定了一整套严格的戏曲表演艺术程式，人物造型也同样有其严谨的规制。将戏曲中的人物分成生、旦、净、末、丑几大行当，可谓在戏剧史上独树一帜。观众可以通过角色的穿着、扮相来认识剧中人物，它不仅能表明剧中人物的地位、身份、性别、年龄，而且还能揭示人物品格的优劣与品行的忠奸，使冠服穿戴与面部化妆成为舞台艺术中一门独特而重要的学问。关于我国戏曲艺术的起源，在学术界一直被认为是一个多元的发生渠道，有着不同的进入点和不同的解释方法，我们只顺其大致的脉络做简单的梳理。

我国戏曲艺术是在歌舞伎艺的基础上发展而来的，起源大概可追溯到先秦。先秦是戏曲的萌芽期，《楚辞》里的《九歌》就是祭神时歌舞的唱词。从春秋战国到汉代，在娱神的歌舞中逐渐演变出娱人的歌舞。从汉魏到中唐又先后出现了以竞技为主的角抵戏（即"百戏"），以问答方式表演的参军戏和扮演生活小故事的歌舞踏摇娘等萌芽状态的戏剧。这个时期表演者开始有人物和角色的服装，如参军戏是由一个戴着幞头、穿着绿衣服，叫作"参军"，和另外一个叫"苍鹘"的两人用对话做滑稽诙谐的表演。

随着歌舞百戏的进一步发展，被称作"倡优"的艺人穿上生活服装，扮演故事中的人物。隋唐时期，歌舞杂戏开始将歌舞服装根据表演的需要以及社会需要在民间乃至宫廷进行了不断的改变与发展。到了宋代，歌舞服饰在样式、色彩、图案等方面较先前已有较大改变。元代杂剧是逐渐成熟的戏剧形式，它揭开我国戏曲史上光辉的篇章，这一时期也是古希腊戏剧的发展和繁荣的鼎盛时期。

元杂剧所具有的形式、内容与品种的繁多，以及戏剧场所之多、戏剧气氛之浓厚，可以与世界戏剧史上任何一个戏剧的昌盛时期相媲美。戏曲服装是在历代演出剧目不断丰富的情形下积累起来的，其中有一部分属歌舞服装，大多数是根据历代服装仿制的。元代杂剧演出中的服装对不同的人物如何穿戴已经有了详细的规定。

到了明代，戏曲服装的规制更加完备，不同的角色有相应的穿戴，其主要标准有："番汉有别，文武有别，贵贱有别，贫富有别，老少有别，善恶有别"。另外，有些知名的历史人物，已经有固定的装扮模式，如人们熟知的诸葛亮、张飞、项羽等。到了清代初期，戏曲服装不仅从人物的身份上有区别，而且更加注重人物性格的刻画。清代后期，四大徽班相继进京，为适应京华群众需要，融入当地流行的京秦二腔，后又汇进汉调，并将南方风情与北方神韵、民间精神和宫廷趣味在这种艺术形式中曼妙结合，相得益彰，逐步孕育为京剧，成为全国最受欢迎的戏曲剧种。随之，戏装规制有了进一步的变化，形成了京剧衣箱。衣箱制的本质是：以一套固定戏曲专用设备及其应用制度服务于不同题材古典剧目的一切演出。它吸收明代的各类服装进行艺术化处理与改造，到了清朝又将生活服装融入戏服之中，使衣箱的内容更加丰富。

近代戏曲艺术大师们承袭了传统戏曲艺术之精华，除了在表演上的继承与发展，他们结合人物形象的塑造，在服装样式和色彩上都进行了改进与创造。

戏曲艺术最大的审美特征是写意性，在讲究形神兼备的同时更重视神似。神似在于捕捉对象的神韵和本质，形似则是强调特点，而不是外形的逼真。戏曲服装的发展经历了从生活化走向艺术化的转变过程。它不是简单地再现历史生活服装的真实性和具体性，而是借物态化的服装为人物传神抒情。这便是写意性的审美特征。这一追求神似的写意性审美特征的形成，或许是与戏曲的起源、与歌舞文化的渊源和互相交融借鉴有关。戏曲服饰的写意性在应用中有许多表现，如"水袖"在中国戏曲中就有着非常重要的作用，通过对其夸张和强化的变形和表演中的操作以达到写意的审美追求。

戏曲是唱、念、做、打的艺术，由于以唱为主是戏曲的表现手段，它的动作幅度与速度相对缓慢，以便台下的观众能很清楚地看到演出服装的具体细节，这就要求演出服装精美耐看，经得起观众仔细品味和观赏。戏曲服装极富装饰性和夸张性，其明显的表现在于它本身的图案与色彩。中国服饰图案的装饰已有 5000 多年的历史，无论是宫廷贵族服饰还是民间百姓服装，其服饰上的图案装饰极具特色并深得人们的喜爱。戏曲服装因受中国历代生活服饰的影响而极为讲究服饰图案化，这是先人们以丰富的想象力和创造力给后代留下的十分丰富的精神文化财富。戏曲服装的图案化主要表现在它平面精美的刺绣纹样上，在传统审美习俗中进行系统的艺术化加工，可以说集传统图案之大成，其中最突出的要数龙凤图案。戏曲服饰图案在长期的演化过程中已经形成了特殊的形态和色彩，在那些饱和而艳丽的色彩和夸张的造型中蕴含着丰富的隐喻性和象征性。

戏曲服装设计可分为传统戏与现代戏两种题材，一般现代戏的服装设计与话剧较为接近，将话剧与传统戏曲相融合来传情达意。我们以两部曲剧来展现现代戏曲人物造型的特点。

曲剧是主要流传于河南地区的汉族戏曲剧种之一，旧时也称"高台曲"或"曲子戏"。曲剧流行于河南全省及周围邻近地区，是在当地流行的曲艺鼓子曲（洛阳曲子、南阳曲子）和踩高跷的表演形式基础上发展而成的。由于曲调来源于汉族民间生活小戏，歌词易学，并大多采用本嗓来演唱，表演也相当接近生活，传播速度极快。总的风格特点是：质朴、自然、婉转、柔美，悠扬缠绵，抒情性强，生活气息浓郁。

一、现代曲剧作品赏析《歌唱》

（一）故事梗概

《歌唱》表现的是《歌唱祖国》这首歌诞生的过程。为准备庆祝新中国成立一周年的演出，天津某歌舞团懂西洋乐器的编剧王莘同志和该团会计张一毛、水暖工赵管子一起到北京买几件铜管乐器。一直为没能完成创作新歌曲任务而焦虑的王同志，在这次采购任务的途中多次受到启发，尤其是在回程的火车上灵感迸发，曲调汩汩而出，并将其写在了自己的衬衣上，不想下火车时却遭遇了一场大雨……最终这首曲子创作成功并得到广泛好评，一直流传至今。

（二）剧本分析

1. 剧本整体分析

全剧以《歌唱祖国》的作者王莘为创作原型，以凡人、凡事为视角讲述了《歌唱祖国》这首歌从酝酿到诞生的过程，从而表现了普通老百姓对新中国和中国共产党的挚爱之情。全剧力求呈现出一种不拘泥北京曲剧传统、凸显地域文化特色的艺术风格，以一种独特的视角，通过一首歌的诞生反映了新中国成立初期人们的思想感情和整个社会的精神面貌；以举重若轻、幽默风趣的手法描写了重大的人物和事件。剧中人物刻画鲜明，具有生活基础，全剧呈现出一种由俗到雅的艺术效果。

2. 导演阐述

一首 62 岁的歌，从未离开过我们，是人们心中的"第二国歌"。它的诞生、传扬，蕴含着传统、坚守。让我们追念那个火红的年代，它是我们的过去、现在和将来，把该记住的，牢记。

3. 剧本幕间分析

第一场：在即将迎来新中国成立一周年之际，歌舞团里热情高涨，人人力争排练出最好的节目奉献给新中国，而作曲专业的王同志在照顾即将临产的媳妇，更因为找不到最壮美深情的旋律而苦恼着、忙碌着。第一场的整体氛围是欢声雀跃、喜气洋洋的，蓝天白云、绿树葱葱的场景在表现风和日丽、生机盎然的环境之余，也显示出人们心情的愉悦，对美好生活的希望与憧憬，以及人们为实现理想而奋勇拼搏的动力。（如图4-69）

第二、第三场：团长派王同志出差到北京购买乐器，同时还派了张一毛和赵管子一同前往。在妻子的支持和鼓励下，王同志怀揣找寻灵感的念想准备赴京。王同志、张一毛和赵管子在天津站会合，酷爱作曲的赵管子却拉着王同志探讨"灵感是个嘛玩意"！这两场的整体氛围展现的是温馨的亲情和热忱的爱国情感，使观众感受到亲人、朋友、

图 4-69 《歌唱》剧照

图 4-70 《歌唱》剧照

图 4-71 《歌唱》剧照

图 4-72 《歌唱》剧照

图 4-73 《歌唱》剧照

战友之间浓浓的情谊。（如图4-70、图4-71）

　　第四场：一行三人满怀圣洁的心情来到了天安门广场。红旗飘飘、人声鼎沸的天安门广场让王同志心潮澎湃、热泪盈眶，萦绕脑海的旋律却被赵管子的一声狂吼消散殆尽。蓝天白云下的天安门广场洋溢着红色的喜庆气氛，红色的彩带与国旗迎风飘扬，更加渲染了新中国成立一周年时中国人民的欢腾喜悦。（如图4-72、图4-73）

　　第五、第六场：在三人的默契配合以及爱国热情的激励下，乐器行老板以极低廉的价格把乐器倾囊而出。买完乐器的三人在大街上溜达，返回旅馆途中，赵管子看到了许诺已久的大红床罩，但囊中羞涩，无法购买。大街上热闹非凡，市民们开心满足地为生活而劳碌。这两场的色调由第五场当铺中的暗色调子表现挑选乐器的矛盾和乐器价格的协商艰难，转为第六场中街道上明亮的暖黄色表现乐器购买圆满解决和他们三人的如释重负的心情。（如图4-74、图4-75）

　　第七、第八场：旅馆中陕北老汉的火镰声让王同志陷入创作中，张一毛来找王同志，向他诉说了与八路军伤员的往日情愫，并请他为诗谱曲。张一毛的一番举动，勾起了王同志的思家之情，此时却发现购买的乐器不翼而飞，一番误会后，旅馆服务员送回了乐

图4-74　《歌唱》剧照

图4-75　《歌唱》剧照

器。在返津的火车上，久违的旋律浮现于心中，王同志奋笔疾书；不料书写旋律的报纸却成了赵管子跑肚子的厕纸。激情的旋律喷薄而出，王同志忘情地书写于白衬衫上。陷入创作的王同志在谱曲时，红色的灯光照射在舞者手中那火红色的彩带上，更加强调了王同志词曲旋律所表现的人们勇往直前之勇、热爱祖国之情。（如图4-76、图4-77）

第九场：出站后倾盆大雨，赵管子拿出新买的床单为乐器挡雨，王同志也脱下衬衫遮挡乐器。雨夜归家的王同志兴奋地把乐谱拿给妻子看，不料被雨水浸湿的曲谱早已模糊难辨。在临盆在即的妻子的细心抚慰下，在充满生命力胎儿的心跳声中，王同志分明感到了生命的旋律、最深情最壮美的旋律，它铿锵有力、振聋发聩，在人们的心中、在新中国的领空上久久回荡，如同鲜血般火红色的氛围渲染了舞台，坚定的信念、勇敢的人民、美好的未来无一不从这火红的颜色中透露出来。这种强烈的视觉冲击带给观众的视觉感受必将激起观众心中强烈的爱国之心、爱国之情。（如图4-78）

（三）设计阐述

1. 设计构思

为了呈现出恢宏大气又独具京城神韵的艺术效果，表现出新中国成立初期，中国人民欢腾雀跃的氛围以及中国欣欣向荣的成长态势，舞台美术总体风格选择了以淡雅的白色、素净的蓝色和清新的绿色为主基调，着重强调的是当时人们欢天喜地庆祝祖国诞辰一周年的愉快心情，以表达人们对于祖国的热爱和对未来美好生活的向往。在总体创作风格的指导下，结合舞美设计，人物的造型采用写实的表现手法，追求线性的生活速写特征。同时，在写实的造型下，融入"素描勾线"这个元素来进行服装样式的创作，强化中国国画的线和西方素描的体面相结合，勾勒出人物造型，以感性的浮雕式造型形式来表现物象。以线为主的艺术语言，自然与心智的碰撞，展现出有意味的艺术形象。线性的表达强化了时代感，犹如时代生活中的速写。采用这种表现手法，是为了能够强烈地表达出当时人们心中的那种直接、清晰的希望祖国越来越好，人们

图 4-76 《歌唱》剧照

图 4-77 《歌唱》剧照

第四章
不同剧种人物造型设计

图4-78　《歌唱》剧照

的生活能够越来越好的愿望。

2. 重点人物造型分析

王同志：歌舞团的作曲家，最终创作出扣人心弦、经久不衰的《歌唱祖国》。

他是在团里积极工作，在家里心疼老婆，艺术灵感一来灵魂就能出窍的"文化人儿"。王同志是新中国广大人民的代表，希望为伟大的祖国作出贡献，努力付出自己的才华与力量。由于场景的不同，为他设计了两套造型。两套造型都遵循了"线性素描"的设计理念，在服装的领边、口袋以及缝纫线等地方用红色的线来进行装饰，以体现人们当时心中对于祖国的挚爱。第一套为第一、第二场中他在团中以及家中所穿的人民装：乳白色、尖角翻领、单排扣的棉质衬衫，蓝色的粗布西裤，棕色的武装腰带以及一双俭朴的黑布鞋。（如图4-79）第二套为第三场之后，王同志前往北京所穿的类似中山装的军便服：绿色棉质布料的上下套装，立翻领，前身上下有四只带袋盖的插袋，军绿色的革命包以

图 4-79　王同志　　　　　　　　　　　　图 4-80　王同志

及一双简单的黑布鞋。（如图 4-80）这样的两套服装，在新中国成立初期是深受群众喜爱的，为王同志设计这样的造型，一是为了表现王同志的随和与大方，二是为了展现王同志在艰苦朴素、勤俭节约的思想风尚中，浓烈的革命化以及军事化的色彩。

张一毛：歌舞团的会计，为人正直，做事谨慎，是语言偏"左"、工作认真、一心为公、特会砍价的"男人婆"。在她的服装设计上，采用写实主义的手法，笔者选择了当时那个时代流行的列宁装：上装采用棉质的乳白色衬衣样式，大翻的双领设计、单排扣以及带有袋盖的插袋；下装则选用土黄色的宽松长裤；背着牛皮颜色的会计包以及一双黑色的老北京布鞋。在她的服装造型中，同样，我们运用红色的线条来勾勒服装的边线，以达到整体的统一和寓意。这样的服装设计配上她利落的短发，为的是给人一种简单整洁、朴素大方的感觉，而这种感觉正是张一毛同志性格谨慎、认真的外在体现。（如图 4-81、图 4-82）

赵管子：歌舞团的管子工，气力大。他热爱音乐，热爱艺术，但他毫无艺术细胞，却总在"创作"，是特爱老婆，也特爱新中国，还特敢亮嗓儿的"嚎情达人"。他留着长头发，希望凸显自己的艺术气质。"线性素描"的元素依然被运用在他的服装造型上，

图 4-81　张一毛　　　　　　　图 4-82　张一毛　　　　　　　图 4-83　赵管子

以达到整体风格统一。笔者按照当时的服饰特点，更是为了体现他工人的身份地位以及放荡不羁的性格特点，为他设计了一套军绿色的列宁装：上装中内着蓝色的衬衫；外着宽松肥大的棉质上衣，外衣的口袋则设计成上面两个口袋，下面为两个斜的暗插袋；下装为军绿色的长款西裤，腰间系有土黄色的腰带。因为他对于艺术的热爱，以及自身的怪异审美，笔者决定在鞋这个细节处，选择一双代表时尚的帆布鞋，以此来衬托他的独特个性。（如图 4-83）

（四）设计图（如图 4-84、图 4-85、图 4-86、图 4-87、图 4-88、图 4-89、图 4-90）

图 4-84　团长　　　　　　　图 4-85　王同志　　　　　　　图 4-86　张一毛

图 4-87　赵管子

图 4-88　赵管子

图 4-89　王同志

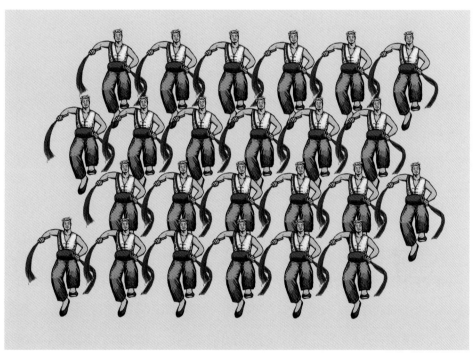
图 4-90　安塞腰鼓队

二、现代曲剧作品赏析《"乡"约青春》

（一）故事梗概

《"乡"约青春》讲述的是一个普通的女大学毕业生——刘炜，在情感和工作受挫的情况下，经过党和人民的培养，通过自身的努力，如何由普通的大学毕业生逐渐成为一名深受广大村民喜爱和尊敬的村官，并在乡村田野里找到自身价值过程的故事。

（二）剧本分析

1. 剧本整体分析

《"乡"约青春》是一部以"弘扬北京精神，讴歌伟大时代"为主题的大型原创现代曲剧。通过描写这些满怀青春激情、欲在乡村实现理想的大学生村官们，如何在面对情感和理想的艰难抉择时不为之动摇，他们坚持自己、努力进取，终于得到村民的认同，实现了自己的人生价值，从而展现和弘扬了在党和政府的关怀下，当代青年人积极向上、朝气蓬勃、不懈奋斗的时代精神。

2. 导演阐述

青春如何安排？生命如何安顿？也许是每一个时代、每一位年轻人需要思考的问题。让飞扬漫舞的青春扎下根，让年轻人拥有一个精神家园，以后无论走到哪儿，成了什么人，这里都将有一份忘不了的对农村和农民的牵挂。"漫舞青春"以青春、时尚的笔调，让青春与农村相恋；以朴实真挚的故事告诉我们，农村同样是让青春释放激情、获得成功、实现梦想的广阔天地。

3. 剧本幕间分析

第一场：毕业季来到，满怀青春激情、欲在乡村实现理想的大学生村官们，在村官专管员陈战军和村官办白主任的带领下到各村赴任。虽有一丝的离别之愁，但大学生村官刘炜仍信心百倍地踏上"村官之路"。整体的氛围是青春靓丽、欢快活跃的，舞台上的布景由高楼大厦转换成为高山峻岭，以表现身着靓丽服装的毕业生们从闪烁着霓虹灯的大都市，带着梦想前往条件艰苦、风景秀丽的农村。

第二、第三场：由于种种的不适应，刘炜宿舍的村官离开了。在静得让人心慌的夜晚，倍感孤独的刘炜陷入了迷茫，整体舞台气氛阴沉，色调昏暗。然而，陈战军的不期而至，让刘炜感到了温暖和动力。为了安全，刘炜来到陈战军姑姑陈大嫂家。炕头上，热情豪爽的陈嫂子道出了外出打工、亲人分离的苦楚，亲人的相思之苦让身在异乡的刘炜感同身受，更激发起她为乡亲们开创回乡致富之举的热情与灵感。

第四、第五场：男朋友李京生来看望刘炜，劝她回京工作。刘炜为了实现写生基地计划，决定留在农村。在大学教授、各方专家指导和众村官日以继夜的努力下，山水画廊规划终于成形。却不料，规划没有通过审批，大学生村官深受打击。在陈大嫂的热情劝说、白主任的鼓励引领以及在上级领导的资金支持下，刘炜和陈战军重获动力，干劲十足地投入到了工作中。

第六、第七场：在刘炜工作渐入佳境时，男朋友李京生却提出了分手，刘炜无奈同意。在与陈战军的相处中，刘炜对他逐渐有了别样的好感。民俗村的建设让乡亲们在家门口就能发家致富。富裕了的乡亲们扭着秧歌欢迎新的大学生村官来村，在众乡亲、村领导和村官期满刘炜的祝福下，新一批大学生村官们满怀理想地翻开了希望田野上的新篇章。

（三）设计阐述

1. 设计构思

该剧的特征是新旧并立交融的特征，将时尚流行元素与山村乡里传统元素相结合，融入了哈根达斯、智能手机等流行元素以及"高富帅"等当下生活中的流行用语。导演说："在这出戏里，能见到、听到最传统的，也能见到、听到最时尚的，这正是如今中国山乡里越来越普遍的时代景象。"整体舞台创作风格也与之相适应，人物造型设计也在"融合"的总体构思下，追求统一性，各幕之间追求服饰色调的整体氛围变化，用色调表现角色的心情。山寨村民的服装设计遵循写实主义高于生活的表现原则，将农民朴实、简单的生活服装夸张地展现在舞台上；而大学生村官的服装设计则以青春、活泼、靓丽为出发点，服装造型的颜色欢快明亮、绚丽夺目，体现出年轻人的朝气蓬勃。新与旧的交融、传统与时尚的碰撞，在带来强烈的视觉冲击下，也体现了在这些年轻人的努力下，人们的视野终将开拓、思想必将转变，从而为中国带来日新月异的发展和变化。（如图4-91）

2. 重点人物造型设计分析

刘炜：剧中的女主角，本是学城市园林设计专业的，为了理想来到农村做了村官。面对困难，她永不退缩；面对恶劣条件，她肯吃苦。面对农村发展问题，她利用自己的知识为村民寻找出路。她青春、阳光，是一个不畏世俗、拥有正能量的女孩。在她的服装造型上，我们以青春靓丽又不失淳朴来定位，为她设计了简单的衬衫和短裤；在服装的颜色上，我们选择了纯净的白色衬衫来表现她的单纯和质朴，橘红色的短裤和橘黄色的围巾以及大红色的箱子，在展现她靓丽、活力的同时，更加重要的是以这个如火的颜色来表现她对于实现梦想、贡献社会、热爱人民的义无反顾和勇往直前。

陈战军：剧中的男主角，大学毕业后回到家乡做村官的年轻人。他接受了先进的学术教育和思想教育，希望用自己的所学回报家乡，在写生基地中成功地做出了重大的

图 4-91 大学生村官

贡献。他沉稳、干练，做事积极认真，富有热情和动力。在他的服装造型上，我们强调的是他的自然、朴素，白色的Ｔ恤，蓝色的牛仔裤和一双运动鞋，这样一身最简单的打扮就是他在大学毕业时的样子，我们用这样的形象来表现——他的纯净与质朴是不受都市物质生活影响的，他从农村走出来，带着一身的知识与干劲，回到家乡造福父老乡亲。

李京生：刘炜大学时期的男朋友，北京城里人，银行白领，因刘炜不回城市工作而与之分手。追求平稳优质的生活并不是错误，每个人有每个人的理想与生活态度，我们不可以说他是错的，只是相比那些舍得自身而肯忍受艰难条件为社会作贡献的人，他是渺小的。在他的服装设计上，我们采取了稍微夸张的表现手法来体现他对于物质生活、舒适生活的追求，运用磨白镂空效果的牛仔裤、红棕色的高筒靴、做旧效果的棕色皮衣。这些时尚、昂贵的服装与村官们简单、低廉的衣服形成鲜明对比，可以更加凸显村官们的朴素与淳朴。

陈素贞：古村土生土长的中年妇女，陈战军的姑姑。她热情、爽朗、热心肠，农民的朴实、豪迈在她的身上体现得淋漓尽致；与普通村民不同的是，她接受新的思想，接受农村以及生活的改变，她的鼓励与支持为刘炜提供了强大的动力。在她的服装设计上，我们采用夸张的手法，为她设计了一套经典的农村妇女造型：艳粉色的毛衣、翠绿色的大花袄、棕色的棉裤以及暗红色的老北京布鞋。我们为她设计这样一身土里土气的

225

服装的目的：一是可以与大学生时尚靓丽的服装形成强烈的对比，表明身份背景，并带给观众强烈的视觉冲击；二是用这身俗气的衣服与她先进的思想形成对比。

（四）设计图（如图4-92、图4-93、图4-94、图4-95、图4-96、图4-97、图4-98、图4-99）

图4-92　陈素贞

图4-93　陈占军

图4-94　白守成

图4-95　白守成

图4-96　陈素贞

图4-97　赵利平

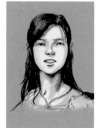
图4-98　村官甲

图4-99　李京生

三、现代曲剧作品赏析《麦克白》

（一）故事梗概

四大悲剧之一，体现了莎士比亚悲剧最阴暗的一面。该剧用了一个反面人物为主角，内容为英格兰大将麦克白和班可征服叛乱后班师回朝，路上遇见三个女巫，女巫预言麦克白将成为考特爵士和君主，又预言班可的后人也要做君主，而且比麦克白地位更高。回国后证实了女巫的第一预言，后来麦克白在妻子的推动下杀死了前来做客的国王邓肯，国王的两个儿子逃走，麦克白夫妇登上王权顶峰，并杀死班可，最后夫人发疯自杀，受迫害的麦克德夫和邓肯的儿子消灭了麦克白。

（二）剧本分析

该剧深入表现麦克白的内心，他自己造成了自身的悲剧，该人物外部矛盾及内心矛盾所产生的戏剧性绝望相互碰撞，运用诗的语言表现剧中人物的隐忧，该剧用良心与野心来解释麦克白的内心矛盾。塑造了一个既有人性化的一面，也有恶的一面的双重人格的角色。

《麦克白》是莎士比亚戏剧中心理描写的佳作。全剧弥漫着一种阴郁可怕的气氛，通过对曾经屡建战功的英雄麦克白变成一个残忍暴君的过程的描述，批判了野心对良知的侵蚀作用。由于女巫的蛊惑和夫人的影响，本性十分善良忠诚的麦克白想干一番大事业的雄心逐渐蜕变成野心，而野心实现又导致了一连串新的犯罪，结果是倒行逆施，必然灭亡。在迷信、罪恶、恐怖的氛围里，作者不时让他笔下的罪人进行深思、反省以及自我剖析，麦克白夫妇弑君前后的心理变化显得层次分明，这也就更加增大了悲剧的深度。那么阴暗的计谋，猜忌、恐惧、煎熬、压抑，这些角色的心理变化就是我们最需要在视觉上呈现出来的。

（三）设计阐述

1. 设计构思

该剧采用戏曲风格化特征，运用戏曲中的意向表达概念，把传统戏曲中的衣靠及戏曲服饰中的典型元素运用到人物设计当中，人物强调一个角色多变的悲剧感造型，整体造型上带有血腥与残破感。该剧的切入点是对莎剧进行了本土化和民族性的探索创作。它是围绕莎士比亚戏剧精神内涵的基础之上融入本土元素的一种方式,使用本土的风土人情、民族文化作为依托构建故事的框架等,以此来弘扬莎剧的精神内涵。

该剧以中国传统戏曲为依托,将麦克白中的人物浓缩为戏曲的五个基本行当;生、旦、净、末、丑,由这五个人来饰演剧中所有角色。(如图4-100)找出剧本角色中跟生的行当角色类似的,如小生、武生、老生,而且生一般都是正面角色。剧本中一些年轻英勇的将士比较适合由统一的"生"角行当来扮演。

整体服装造型并不完全遵循传统戏曲服装的设计方式,各行当有自己的基础底衣,而且各自有一个基本的色彩倾向,腰间扎腰封,宽松的阔腿裤,绑腿,整体体现一种练功服的感觉。在中国传统戏曲服装中,称这种练功服为"水衣"。剧中整体基础造型使用水衣的概念。当他们要扮演不同角色的时候,会现场再叠加一些具有角色人物身份的服装或者服饰元素,以此来区分其所扮演的不同角色。

妆面与造型统一,白面加浓重的油彩是戏曲妆容的主要特点,各行当的妆面在戏

图4-100 《麦克白》剧照

图 4-101 　《麦克白》剧照

曲妆容的基础上融入一些现代感的松弛笔触。如旦角，两颊的拍红是旦角妆容的特点，

眼妆虽然也进行了上挑的处理，但是明显笔触要更加松弛，突出了角色黑暗的心理状态。

（如图 4-101）

　　戏曲化妆的发型通常使用假发，一般都会把演员的头发盘起，用发网罩住后佩戴

假发片，最后还需裹一层绷布。在戏中旦角的发饰设计则使用了多个黑色发卡做成的一

个假发头套，它既有戏曲风格的紧致廓形的包裹感，又具有一种金属反光的现代感。包

括末角的胡须的设计，也并非使用那种传统戏曲常使用的仿真鬃毛或者马尾毛，而是使

用了一种塑料绳，带有一种光泽感，突破了传统，带有现代的表达。

　　由于该戏场景与服装人物造型调度关系比较紧密，舞台的整体场景有点像排练厅

的感觉，使用了服装专用龙门架作为舞台布景。它们随着演员的动作，被移动、变化，

时而代表宫殿，时而又象征着森林。它们有布景的作用，同时也有充当演员道具的作用，

剧中一些战争场面也可通过对这些龙门架的碰撞与移动进行表现。有时候还象征一种无

形的压力，比如当麦克白深陷预言的挑唆，精神极大的矛盾挣扎的时候，龙门架又被演

229

第四章
不同剧种人物造型设计

员统一推向麦克白，将他包围住，制造一种紧张压抑的氛围感。而且这些龙门架还有一个最为实际的作用，就是充当演员们换装的空间，他们在转换不同角色的时候就直接在舞台上的这些龙门架上取下角色服装进行换装。当他们穿上角色的服装的一刻，这个角色感就需要直接上身。整个动作是直接在观众面前呈现的。（如图4-102、图4-103、图4-104、图4-105）

这是麦克白夫人在剧中的人物状态，当她背对着观众，在舞台上戴上假发套，再将斗篷穿上身，缓缓地转过身，观众能够感觉到她整个人的气质和状态以及神态都变了，随着表演中舞动着这件拖尾长斗篷，可以明确感受到人物的那种勃勃的野心以及燃烧的斗志。当她转变为一个刀马旦，饰演老国王邓肯之子马尔康的时候，换装为这身刀马旦的靠服，随即又转变了一种状态，迅速进入了年轻的将领身份，立志打败麦克白夺回王位。（如图4-106、图4-107、图4-108、图4-109、图4-110）

图 4-102　《麦克白》剧照

图 4-103　《麦克白》剧照

图 4-104　《麦克白》剧照

图 4-105　《麦克白》剧照

图 4-106 　《麦克白》剧照

图 4-107 　《麦克白》剧照

图 4-108 　《麦克白》剧照

图 4-109 　《麦克白》剧照

第四章
不同剧种人物造型设计

图 4-110 《麦克白》剧照

2. 重点人物造型设计分析

麦克白心怀异志，杀王夺位。为巩固王权，暴杀人民，成为暴君，内心又充满矛盾，在痛苦中挣扎。

其实提到麦克白罪行的始作俑者就不得不提他这位夫人。作为麦克白的妻子，麦克白夫人其实是那个帮麦克白登上王位的残忍计划最早的煽动者。麦克白本性其实非常善良正直，也很有雄心志向，但可能更倾向于一个莽夫，用现代的话来说就是个钢铁直男，个性中不乏要面子、虚荣这些弱点。而麦克白夫人可能更加聪明有手段，而且野心勃勃，对权力有很强的渴望。她也非常了解她丈夫的个性和弱点。所以她煽动的言语才会有立竿见影之效。剧本中她先以爱情来挤兑麦克白，她说："从这一刻起，我要把你的爱情看作同样靠不住的东西。"继而，又用一个军人最忌讳的懦弱来激将麦克白："你宁愿像一只畏首畏尾的猫儿，顾全你所认为的生命的装饰品的名誉，不惜让你在自己眼中成为一个懦夫，让'我不敢'永远跟在'我想要'的后面吗？"这两点都是麦克白的致命之处，因此他才铁定了谋杀国王邓肯之心，他说："请你不要说了，只要是男子汉做的事，我都敢做，没有人比我有更大的胆量。"然而，在虐杀开始后，麦克白夫人作为一个女人，她内心深处其实是没有那种心理承受能力去忍受她的所作所为所带来的影响的，不久她成了自己罪过所带来的这些精神压力的受害者，最终发疯并自杀。

说出预言的女巫三姐妹就或多或少地代表了命运。麦克白的悲剧也说明了"命运"的反复无常——它开始引诱你，激起你的希望和欲望，许诺你的未来，之后却欺骗你，最终抛弃你、毁灭你。这部戏其实也是想说明人费尽心思最终所得到的，可能除了虚无感和无意义之外，什么也没有。

下面解读剧中的每个角色是如何通过这5个基本行当被塑造呈现的。

生： 传统戏曲行当的生主要分为小生、武生、老生，剧中主要角色的生行当是班可，他是剧中的一个将领，在麦克白篡位之前经常跟他一起并肩作战，也非常忠勇。因为女巫预言了他的儿子会取代麦克白成为王，而后被麦克白谋害，当他扮演班可的时候给他设计了一件阔肩马甲，来显示他的士兵将领的身份。生的角色都是非常正面、俊俏的，所以剧中的几个有这种特质的角色都由这个生所饰演。（如图4-111、图4-112、图4-113）

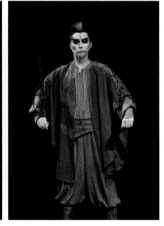

图4-111 生　　　　　图4-112 生　　　　　图4-113 生

图 4-114　旦　　　　　　　　　图 4-115　旦　　　　　　　　　图 4-116　旦

　　服装上的装饰线，是将"行缝"的方式融入，"行缝"是戏曲水衣服装所特有的制作形式，目的是使胖袄中所絮的棉花不至于在表演和活动中移动。"行缝"的应用可以让服装渗透出戏曲水衣的一种视觉感，并且有一种若隐若现的装饰作用，同时也使用了纺织颜料进行了手绘，更加凸显了服装的细节和沧桑感。

　　旦：旦角主要分为青衣、武旦、刀马旦，青衣主要指的是大女主，一般是端庄娴雅的女子，剧中的旦角主要角色就是麦克白夫人，可以对应青衣。旦角基础水衣的造型，"行缝"的细节装饰在肩部，有一些抽象的走线图案。（图4-114）当她扮演麦克白夫人的时候，即为她附加了一件长拖尾斗篷，这种高耸的斗篷领子也代表了她内心膨胀的欲望和野心，以及对权力的一种向往。（图4-115）

　　她扮演的马尔康，也就是邓肯国王的儿子，在最后打败了麦克白，替父报仇又夺回了王位。这里很明显是一个刀马旦的感觉，使用这种絮棉行缝的方式也是一种服装面料的立体塑造方式，进行了铠甲服装的设计，从视觉上塑造了一种"铠甲浮雕"的感觉，铠甲结构主要是半包围的肩部铠甲以及臀胯部位前挡以及左右挡甲片的组合。众所周知，铠甲的形制主要是为了保护这些重点部位。

她手中拿的道具是个马鞭。戏曲有一个很大的特点是假定性，一些简单的道具可以象征宏大的场面。比如这里的以鞭代马，演员手持这种红鞭进行舞动表演就代表了骑马打仗。（如图4-116）

净：净行俗称花脸，又叫花面。一般都是扮演男性角色。净行一般分为正净、副净、武净。正净的地位较高，一般是举止稳重的忠臣良将，那么这里就对应了剧中的主角麦克白。（如图4-117、图4-118）副净大多扮演性格粗犷莽撞的人物。武净就是以武打为主的角色。

麦克白在弑君篡位之前，还是一个英勇忠臣，也是在基础水衣之上附加了一件具

图4-117　净

图4-118　净

有铠甲感的马甲，在肩部进行了夸张的造型处理，既突出肩部造型，也突出了角色的英勇感。而且这里也使用了一些线绳进行材料塑造，再加上金属色的手绘处理，呈现出一种伪铠甲材质的浮雕感，包括胯部的前挡以及左右挡的护甲的造型，都是用了线绳去做了一个浮雕感的镶边装饰。（如图4-119、图4-120）

当麦克白弑君篡位之后，为他设计了一件具有京剧服装中"靠"特征的靠领，其实"靠"是武净行当所经常穿戴的一种戏曲服装种类，包括马面的设计也取材于靠，呈现出云纹和海浪纹图案的感觉。只不过在材质上完全做了重新设计处理，使用面料和线绳材料进行塑造，但依然有戏曲服装的韵味蕴含其中。由于他变成了国王身份，即采用金色的金属色调在面料上进行晕染绘制，有一种渐变感，让整个服装有一种油画的视觉质感。（如图4-121、图4-122）

末： 末行扮演中年以上男子，多数挂须。他其实跟生行相似，扮演比同一剧中老

图4-119 净

图4-120 净

图4-121 净　　　　　　　　　图4-122 净

图4-123　末　　　　图4-124　末　　　　图4-125　末　　　　图4-126　末

生作用较小的中年男子，一般不会担任主要角色。这里他主要扮演老臣洛斯以及其他的一些武将大臣。（如图4-123、图4-124、图4-125、图4-126）

　　丑：丑角的特点是在鼻梁眼窝间勾画脸谱，多扮演的是滑稽调笑式的人物。这部戏中丑角所扮演的主要角色是国王邓肯。（如图4-127）传统戏曲曲目中针对不同丑角的不同面谱表现方式，总的来说是遵循着统一的眼窝鼻梁处画白的方式，再根据不同的角色进行一些具体的描绘变化。

　　当丑角扮演国王邓肯时，给他增添了一件外罩马甲式的上衣，主要强调了肩部的造型，并且在肩部采用行缝絮棉的方式塑造了一个比较抽象的龙造型图案的浮雕装饰，以凸显国王尊贵的地位和至高无上的权力。这件外罩马甲虽然使用了一个金色面料，但后期也进行了手绘处理，使用了一些重色遮盖处理，让它不至于那么跳脱。为了塑造它的廓形感，在面料里面加了衬，加衬布之后整个服装就有了一种挺括的感觉，即使它的面料是柔软的，也能成功塑造出廓形感。（如图4-128）

图4-127　丑　　　　　　　　　图4-128　丑

丑角亦扮演剧中一些偏丑角性格特征的角色，如仆人或者穷人，他们身上都有一些喜剧色彩。（如图 4-129、图 4-130，图 4-131）

图 4-129　丑

图 4-130　丑

图 4-131　丑

第 四 节

虚拟人物造型设计

一、虚拟人物的定义

从狭义来讲，虚拟人物通常指的是运用现代虚拟数字技术制作出来的人物形象，当下的虚拟人物包括虚拟主持人、虚拟演员、虚拟歌手、虚拟形象代言、虚拟球星等。其应用领域包括电视、电影、网络、游戏等各类媒体。最典型的例子就是《加勒比海盗》和《阿凡达》中的虚幻人物，采用的是数字技术，定点追踪、捕捉动作后利用电脑软件，模拟各动作细节，最后合成逼真的形象。

广义的虚拟人物指的是一切非真实的、虚构的人物形象，包含了狭义的虚拟人物和以塑形化妆等技巧制作出来的虚幻人物。也就是说，只要是现实生活中不存在的，人们通过想象虚构的人物都应该称为虚拟人物。例如，《纳尼亚传奇》中的半羊人和《潘神的迷宫》中的农牧之神，人体灌模、雕塑头部形状后利用特效化妆将五官、假的毛发等按设计进行制作，最后合成出惊人的效果。

本章主要论述内容为广义虚拟人物的造型设计构思，在深入探讨广义的虚拟人物造型设计之前，我们先对虚拟人物的发展历程和分类进行一番了解。

二、虚拟文化流行原因

在"虚拟文化"的流行中，三个因素功不可没。第一，CG 技术的进步，使虚拟造物变成可能——事实上已经部分成为现实。第二，社会观念的转变——"虚拟文化"的流行和社会观念的转变互相推动也许更加准确。幻想文学和幻想画家被作为真正的艺术和艺术家严肃对待（之所以把幻想题材专门提出来，是因为自从人类掌握了虚拟技术，创作的领域就自然地向模拟自身和幻想世界两个方向发展），游戏和动漫已成为日常生活的一部分。第三，戏剧造型艺术的不断发展，各种木偶剧、奇幻剧等戏剧影视艺术的不断需求。

三、虚拟人物的发展

虚拟人物是依托计算机影像生成技术、动作捕捉技术、表演捕捉技术、人工智能动画技术等的综合运用而制作出来的，是数字技术发展到一定阶段的产物。

虚拟人物产生的原因有四点：

第一，就时代背景而言，虚拟人物的出现是"读图时代"产生的必然结果。源于大众对奇观影像的渴望。

第二，数字技术的迅速发展，使得虚拟人物的设计与制作变得越来越容易。

第三，对经济利润的追求。对受众方面起到相当大的吸引力，从而产生利润。

第四，人类的"木乃伊情结"。对自身的复制延伸，一种迫切渴望超越自己（"超我"）和追求完美的心理。

当今社会是一个虚拟人物盛行的时代，虚拟人物在人们的生活中几乎随处可见，他们可爱而另类的形象受到人们越来越多的喜爱，虚拟人物的出现拓展了人们生活的世界，成为人们文化生活的必需品。

四、虚拟人物的种类

（一）魔幻类电影概念原画及人物设定

电影概念原画指绘画作者在详细了解剧本和导演意图后，按照拍摄的需要，在拍摄前期画出的预期气氛效果图。它对整体拍摄取景起了很大的作用，同时，通过原画设计赋予角色个性与特征等。原画概念图代表电影的前期构思，也将指导电影最终的风格走向。

以蒲松龄笔下的《聊斋志异》中所创作的电影《画皮Ⅱ》为例——对于这种追求独特风格的电影，片中场景很多是在重现与扩充原画概念的画面，因此精确的前期美术设定显得尤为重要。《画皮Ⅱ》的最初概念设定，由日本画家天野喜孝绘制，定下了整部电影的基调。之后，基于天野喜孝的画面，多位概念设计师画出了整部电影所有的概念图成品，细致地表达了电影不同戏份的气场和氛围。电影概念设计的一个特点就是传达故事信息，也就是信息传达。一个表情、一个手势、一个符号、一个小道具都可以让人在最短的时间内立即明白发生的或即将发生的事情。

（二）动漫人物设定

简单来说，动漫就是动画和漫画的一个缩略称谓，它分属两种不同的艺术形式。但由于受日本动画和漫画对中国观众和读者的影响，使得"动漫"一词常常被独立使用且带有特定的意味。动画和漫画有其各自的发展历史，然而这两种艺术形式之间的联系又是非常紧密的。

1. 动漫人物历史发展概况

（1）动画

现代汉语中，动画是"以绘画或其他造型艺术形式作为人物造型和环境空间造型的主要表现手段的艺术"作定义的。动画的英文表述有很多，比较正式的学术名称是"Animation"。动画是电影艺术的一个分支。

旧石器时代，西班牙境内的阿尔达米拉洞窟壁画中，发现了绘制着奔跑的野猪的壁画，这头野猪的尾巴和腿都被重复绘画了几次，这就使原本静止的形象产生了视觉动感。走马灯应该算是动画的雏形。在美国，温瑟·麦凯（Winsor McCay）——1867年生于美国，他为美国动画行业的形成发挥了重要的推动作用。其代表作有《恐龙葛蒂》《卢斯坦尼亚号之沉没》。

沃尔特·迪斯尼（Walt Disney）——1901年生于美国芝加哥，举世闻名的迪士尼公司创始人，其代表作有《白雪公主》《木偶奇遇记》。在日本，动画的真正崛起是从1956年10月成立的由大川博领导的东映动画株式社开始的，其代表作是《白蛇传》，这是日本电影史上的第一部全彩色剧场动画片；手冢治虫——1928年生于日本关西大阪，他借用电影拍摄手法，配合故事发展来表现画面，从而让凝固的漫画"活了"，日本漫画新时代也随之诞生，其代表作是《铁臂阿童木》；宫崎骏——1941年生于日本东京，其代表作有《风之谷》《千与千寻》等，被迪士尼的同行尊为"动画界的黑泽明"。在中国，1947—1948年，人民艺术家陈波儿和日本动画专家方明等摄制了木偶片《皇帝梦》和动画片《瓮中捉鳖》，为新中国成立后的动画发展奠定了基础，也为新中国的动画发展揭开了序幕；1955年拍摄的第一部彩色传统动画片《乌鸦为什么是黑的》；1961年享誉世界的经典大片《大闹天宫》、1963的水墨动画片《牧笛》这两部动画享誉世界，并将中国动画推向顶峰；20世纪90年代是中国动画业陆续扩大规模的时期，多数为动画连续片，如《舒克和贝塔》《蓝皮鼠与大脸猫》《大头儿子和小头爸爸》《海尔兄弟》等；进入21世纪后，中国电脑动画和网络媒体动画飞速发展，如影院动画片《宝莲灯》《梁山伯与祝英台》等。

（2）漫画

传统意义上对漫画的解释是"用简单而夸张的手法来描绘生活和时事的图画。一般运用变形、比拟、象征的手法，构成幽默、诙谐的画面，以取得讽刺或歌颂的效果"，但对于看着日本漫画成长的人来说，"漫画"除了包含上述内容之外，还兼指日本漫画这种引入电影分镜手法，具有强烈的抒情、庞大的故事结构的绘画作品。

漫画一词源自中国北宋时期，后被日本人引用，20世纪又被引进中国。在美国，漫画主要以漫画英雄为主，漫画英雄的出现是漫画艺术与美国文化碰撞的必然结果；

DC Comics（侦探漫画）——全称是 Detective Comics，创立于 1935 年，是美国最具实力且历史最悠久的漫画公司之一，经典角色有超人、蝙蝠侠、神力女超人、闪电侠、绿灯侠、猫女等；Marvel Comics（奇迹漫画）——创立于 1939 年，旗下有 5000 多名漫画英雄，2009 年被迪士尼公司以 42.4 亿美元收购，从而获得了蜘蛛侠、钢铁侠、神奇四侠、绿巨人、X 战警等漫画角色的所有权。在日本，漫画界一直将 12 世纪的鸟羽僧正觉犹当作鼻祖，他所绘画的《鸟兽戏画》被日本政府列为四大国宝绘卷；20 世纪六七十年代，随着一些小说作家加入漫画脚本的创作，日式漫画的质量得到显著提高，正统少女漫画也开始呈现上升之势；20 世纪八九十年代，日本漫画进入成熟阶段，许多漫画周边产品也相应地得到发展，如玩具、模型等，日本漫画事业体制已基本稳定，并形成了一套较为完善的系统。在中国，早期的漫画不像美国和日本漫画，具有激励和幽默轻松的性质，而是带有浓重的警示和号召的作用；19 世纪末至 20 世纪初，是中国漫画的萌芽阶段，中国古代已有以讽刺为目的、具有漫画特点的绘画，多数仍被称为"讽喻画""寓意画"等。1918 年沈泊尘创办的《上海泼克》是中国最早的漫画刊物；解放战争时期，解放区的漫画作为一种艺术武器，发挥出强大的战斗威力，张乐平的《三毛流浪记》有着广泛的社会影响；20 世纪 50 年代初期，漫画创作出现新的高潮，反映人民内部矛盾的漫画迅速兴起，1950 年创刊的《漫画》月刊历时 10 年，对提高漫画的思想和艺术水平，培养青年漫画作者做出了重要贡献；21 世纪的中国漫画主要流传于网络，由于漫画人才短缺和一些错综复杂的原因，导致中国漫画正在艰难探索，但是今天，仍然有非常不错的漫画创作，如敖幼祥的《乌龙院》、夏达的《子不语》等。

2. 动漫角色造型的定义

动漫角色造型是指由设计师根据剧本或其他文字材料的叙述，绘制出动漫中角色的相貌、表情、体态、服饰等，以此设定出符合要求的角色视觉形象。就如同一本小说对角色的描写、一部电影对角色的演员安排一样，动漫作品的角色造型也是工作中重要的一个环节。

（三）CG 影视动画

CG（Computer Graphics，计算机图像）的发展是随着计算机技术的进步而发展的，其本身也有一个由 2D 到 3D，由静态到动态的过程。正式的起步阶段应该是在 20 世纪 80 年代，当时处理器的速度极慢，DOS 系统也才开发、显示器还只是单色，那时候制作的数码图像只是简单的线条和几何形状，或粗略具备某种形象。现在 CG 技术又有由 3D 到 2.5D 的趋势（这是更加逼近现实的技术，因为太立体了反而显得虚假），以及实现完全互动的发展方向——网络在这个方面将起到重要作用。需要指出的是，这个发展阶段并不是淘汰的过程，而是完善的过程。2D 和静态图像仍将长期存在并且发挥重要功能。这对一谈到 CG 就想到 3D 动画的观念具有纠正意义。

2011 年，迪士尼影片公司和皮克斯动画工作室联合推出全 CG 动画电影《最终幻想：灵魂深处》。电影耗资 1.4 亿美元，以当时技术最先进、制作难度最高的标准完成。剧中所有的人物、场景均是通过计算机制作而成的。影片中的人物外形逼真程度达到了前所未有的境界，动作灵活自如，几乎可以以假乱真，使观众意识到虚拟任务可以完成真实演员的任务。

（四）网络游戏虚拟人物设定

所谓游戏虚拟人物，顾名思义就是在游戏中存在的虚拟人物的总称。角色扮演类的网络游戏，游戏角色的造型非常重要，在游戏正式公测之前的宣传海报就主要以角色为主题，这就给观众一个直观印象，而且在进入游戏的开始，往往都是要先选择一个角色来代表游戏中的自己。游戏角色造型的好坏直接影响到玩家是否被这款游戏吸引。优秀的游戏角色造型不仅可以吸引玩家的眼球、给受众留下深刻的印象，而且能丰富游戏的故事情节，使游戏更加精彩。网络游戏角色的早期设计与动漫有着千丝万缕的联系。

单从角色的造型创意来看，二者有着很多共同之处，只是网络游戏的角色具有一定的互动性和参与性。一般角色扮演类游戏的 PC 角色都有可供玩家选择的不同的相貌特征、发型、配饰等，而动作类、攻略类游戏则少有这种设计。

角色扮演类的游戏角色造型也是在最大程度地满足人们的欲望和想象。在游戏虚拟人物的实验课程中，学生以《西游记》为创作蓝本，设计了一套具有中国元素和虚幻主义的网络游戏人物。网游版《西游记》带有一定的宗教色彩和神话主义特征，所以人物形象会以中国元素和虚幻主义相结合为主要灵感，呈现刚柔并济的感觉，并在人物性格的表达上与传统有所区别。

故事情节设定在路经火焰山，并对战铁扇公主和牛魔王，师徒四人以更有力量的形式出现，来表现正邪两立的对抗，并在唐僧的处理上不以文弱的僧人为基础，而是让他代表佛教之大慈大悲、普渡众生的劝世救主思想，以及为完成取经使命而义无反顾的、不畏生死的牺牲精神。而孙悟空就更加强调其英雄主义及好斗的本性。对于猪八戒则设计得看起来非常凶狠，以彰显他最初为天宫的天蓬元帅时的威武神勇。

1. 孙悟空的关键词定位：机智、勇敢、善斗、惩奸除恶

设计思路：孙悟空的性格是动物本性与人类社会属性的完美结合，猴子的机灵、顽皮、酷爱自由、勇于反抗与人的争强好胜、追逐名利的自尊心交融在一起，使他具有多层次性格特征。孙悟空对于《西游记》的重要性，在于他身上英雄性格所具有的无比力量，由于作品内容、人物、思想的庞杂，加上"西游""神魔""诙谐"这一道道神秘的面纱，给作品增添了朦胧、迷离和神韵。所以在设计中为秉承孙悟空这一英雄形象，以中国古代将军为设计灵感，将猴子的特征与之结合，这不仅可以展现孙悟空的威严与力量感，还体现出孙悟空在西天取经途中起到了至关重要的作用。（如图 4-132）

2. 猪八戒的关键词定位：粗狂、懒惰、勇猛

设计思路：一方面他好吃懒做，见识短浅，爱占小便宜，耍小聪明，贪恋女色，常

因此出丑，成为惹人发笑的喜剧形象。另一方面，他也还不失忠勇和善良。在与妖魔斗争中，他能挥舞钉耙，勇猛战斗，是孙悟空的得力助手。在设计中更偏重于忠勇善良的猪八戒，虽然他的身上依旧有许多恶习和缺点，但是既然他能去西天取经就代表他一定有过人之处，所以在造型中以野猪的外形轮廓为基础，同时在本身带有喜剧色彩的形象上添加英勇的一面。（如图4-133）

（五）奇幻类戏剧虚拟人物设定

奇幻类戏剧主要是指一些表现超越现实自然现象，打破时间和空间界限的科幻类、

图4-132　孙悟空

图4-133　猪八戒

247

神话类题材的戏剧，或表现特殊动作技巧的杂技剧等。剧场中观赏大型奇幻舞台剧，使观众仿佛置身于虚幻世界中，感受着不同的气息。在为观众带来视听体验的同时，观众的需求也越来越高，促使我们不断突破屏障，创作更多、更好的作品，使剧目的视听语言以及表现形式更有新意，更加符合观众不断变化的审美要求，使奇幻剧能够得到更大的发展。

五、虚拟人物造型设计特点

虚拟人物造型的设定具有极强的审美特征，符合美术造型规律，它更强调主观创造因素，为制造者提供了更多的想象力和创作空间。在虚拟人物造型设定上，要极大地突出虚拟人物的外貌或者个性特征，让它通俗易接受，视觉识别率高，具有独特的表现力，做到让观者看过虚拟人物后，对其留有深刻的印象。虚拟人物造型设计最终要考虑的还是要让观众能够接受，产生情感上的连接和共鸣。

（一）虚拟人物造型特性

1. 虚拟人物造型的从属性和假定性

虚拟人物造型具有从属性。从属于表演艺术，属于舞台美术的一部分，是为演员表演而服务的，是二度创作的艺术。虚拟人物造型的设计要求造型应帮助演员塑造角色形象、有利于演员的表演与活动、设计与全剧风格统一、满足广大观众的审美要求。

虚拟人物造型具有假定性。假定性在魔幻电影和奇幻舞台剧中体现得最为明显，时间和空间上的假定从剧本成形时就已明确。虚幻世界中的虚拟形象，从虚幻中来，属于另外一个空间的与人类不同的生物。虚拟人物造型以假定性作为依托进行创作，可以塑造出更加怪诞、离奇的形象。

2. 虚拟人物造型的可塑性和可控性

虚拟人物造型具有可塑性。它塑造人物形象，通过分析和归纳，虚拟人物造形设计最终要反映角色的身份和个性特征的重要视觉信息。虚拟人物造型能够塑造适合剧目的人物外部形象。

虚拟人物造型具有可控性。虚拟人物造型设计可以根据剧本和导演的要求，与其他舞美部分相配合，利用不同的外部形象元素和不同的颜色，可以塑造出各种适合演出要求的造型设计。

3. 虚拟人物造型的技术性和艺术性

虚拟人物造型具有技术性。造型设计师必须懂得专业的数字技术、塑形化妆、特效造型的严谨制作方法，对于各个制作软件的了解、各项特效的制作过程等技术性很强的手段要求严苛，其他工作人员轻易驾驭不了。

虚拟人物造型还具有艺术性，它用象征、隐喻、比喻等手法来塑造舞台形象，展现天马行空的视觉形象。利用形、光、色三种造型元素，可以为剧目增添绚丽缤纷的效果，加强观众的视觉冲击力和心灵震撼。

（二）虚拟人物的形象设计

虚拟人物形象的设计主要从三个方面把握，即形体、表情和动作。

1. 形体

形体设计要着重在形象的体形特征上下功夫。现实中的事物普遍存在二元对立的范畴，如大小、胖瘦、机灵与愚笨、奔放与含蓄等。在设计虚拟人物形体时，可以使用缩小或增大、加高或压低等调节方法来改变自然形象的比例关系、体块关系，注意抓住那些能体现性格的体形特征，重点表现。

2. 表情

虚拟人物形象的表情设计是至关重要的，它反映了形象的内在情绪，是形象生命力的直接体现。无论是人物还是动物，甚至静物，都要赋予有生命的表情。虚拟人物脸上的五官，当这些器官在形状、位置上发生变化时，人的面孔就会出现各式各样的表情，如喜、怒、哀、乐等。掌握表情变化的规律十分必要，但还远远不够。虚拟人物的表情是一种典型化的、夸张的甚至走向极端的情绪表达，它要让观赏者在视觉上产生强烈的冲击感，同时享受到情感上的放松和宣泄，这是其他艺术形式很难做到的，却正是虚拟人物的魅力所在。为了在表情设计上达到理想效果，除了掌握一般的表情规律以外，还应注意两种特殊的处理手段：一是五官表情的变化会影响头部形体的变化，也就是说，在设计五官的同时要相应地改变头部的体块形状，它们有的需要拉长，有的需要压扁。不过，一般眼睛所在部位的体块变化不是很大，最大的变化是在嘴部。二是利用极度夸张的手法来表现情绪到达顶点的"一瞬间"，如惊恐到了极致时眼球突出，大叫时下巴拉长，愤怒时双眼紧闭，巨大的牙齿撑满嘴部等。

3. 动作

要设计好各种姿势和动态，首先要研究和掌握人体各部分相互变化的规律。但值得注意的是，虚拟人物动作的设计必须强调"动"字，即每一个静止动作的动态都似乎是系列运动的瞬间定格，它暗示着逝去的前一个动作，预示着一个即将发生的动作，视觉由此生发出极不稳定的感觉，从而产生动感。为了塑造这种强烈的"动"感，对虚拟人物动作的研究必须和运动规律相结合，把握动作在运动的起始过程中所呈现的各部分的相互关系，并对关键的"瞬间"进行夸张处理。

六、魔幻电影戏剧中虚拟人物形象造型的表现和创作手段

虚拟人物设计要求同时具备写实与变形两种基本功。当然，好的创作并不是两种基本功的简单叠加，而是在独特创意的引导下，将二者恰到好处地结合起来，在似与不

似之间、写实与变形之间准确拿捏。总的说来，虚拟人物造型是塑造富有鲜明性格的形象，设计的过程是将形象个性化的过程。

（一）魔幻电影中的虚拟人物造型

魔幻电影中的虚拟人物造型大致分为两类。

第一类为造型夸张的妖魔鬼怪。人们通常把无法解释的现象归结为妖魔鬼怪所为。无所谓丑陋或者美丽，无所谓好人或者坏人，它们的共同特点就是夸张、荒诞、怪异。妖魔鬼怪的造型是很难界定的。哲学所说一切想法都源于现实在脑海中的反映，现实生活中的任何一样东西或者事物，无论它是有生命的还是无生命的，都可以演变成夸张的主人公：一只章鱼、一头羊、一块石头、一堆泥土，甚至是触摸不到的空气。这种超出了人们想象范畴的造型无疑考验着造型设计师们的想象力。

《加勒比海盗》中月光下变骷髅的巴博萨船长、脸上布满章鱼触角的"飞行荷兰号"的船长戴维·琼斯、漂亮善良又楚楚可怜的小美人鱼，《加勒比海盗》堪称虚拟人物造型中的经典影片。这些加入电脑特技处理的虚拟人物造型在电影中出现时，直接碰触人们的敏感神经，为影片增色不少。

剧中的"僵尸船员们"先是由造型设计师为每个角色绘制骷髅图形开始，修改后确定形象。然后由特技人员和造型师合作制作正确骨骼比例的逼真骨架，之后在 Maya 中进行人物建模，再来模拟动作细节，最后合成。看似简单，过程却极其复杂、烦琐，只为剧中月光照耀时那瞬间的人变骷髅的这一镜头，制作团队需要长达几个月的摸索与合成。当然，这一瞬间传达给观众的视觉冲击和心灵震撼极其有力度，是影片中的精彩一笔。同时，剧中每个骷髅角色的设计工作都花费了制作者们大量的时间和精力，每一个角色都在统一的骷髅骨架元素中有其特定的设计，以便凸显每个人物独有的性格特点，便于观众识别。"勒盖特"被安上了木制眼球，眼睛下方有严重的眼袋和黑眼圈；"特维格"长着满脸的络腮胡子，总戴着的帽子因为时间磨损而破破烂烂，甚至破了个洞；

"平特尔"虽留长发，头顶上却是秃的；"雅各布"留着大胡子，看似肮脏凌乱，其实胡须中编入保险丝，以便于打斗时有发光的效果。当观众观赏影片时，每一位人物都会带给观众不同的视觉感受。电影《木乃伊》和《灵魂战车》也是骷髅造型的代表性作品，同样利用虚拟人物造型来表现惨白尸骨的效果，也极为震撼。

有时动物形象的夸张也是虚拟人物造型喜欢用的手段。《指环王》中变成魔戒牺牲品的可怜的"咕噜"、丑陋而又残暴的兽人军团；《潘神的迷宫》中那半人半羊的山林之神有着奇长羊角、勾人心魂的玻璃眼、棕色的胡须和干瘪的身材，略微夸张的各个身体器官使潘神变成了极其生动可爱的树精。虽然影片中这个角色出场不到五分钟，但足以使整部电影焕发出幻彩之光。

第二类为造型怪诞的梦幻人物。许多作者将自己热爱或者厌恶的人物形象放在了作品中，向人们展现各种人的精神世界。既可以是天使、精灵，也可以是超人、机器人，无论是谁，仍然是虚幻出来的人物，通常是以人们所希望的形象出现，即使怪异、荒诞，却也是迷人、富有魅力的。

《阿凡达》是迄今为止最为成功的 3D 电影，同时，它也是一部魔幻电影。阿凡达蓝色的皮肤上有发光色斑并且伴随心情变化改变肤色明暗度的纳美种族。这个虚拟人物的种族身上有现实生活中人物所渴望的元素：美丽、纯净、理智、宁静、善良，他们有着对生命和爱情最热忱的情感。虚拟人物的造型设计依然利用 CG 动画技术与人物定点拍摄、表情追踪捕捉的手段来制作，而其他造型，如"thenator""bans"等形象则采用模型加 Maya 建模炫图直接制作而成，可以说几乎全部运用数字技术完成。耗费 10 年的时间，终于制作出一个精彩绝伦的奇妙世界，是那么的令人神往。在人物造型上，造型师运用了与潘多拉星球中种族最为相近的现实生活中的印第安人的打扮，造型师是想表现纳美人与印第安人相似的野性、原始以及向往自由的精神。在造型色调、样式统一的前提下，造型师也为男主人公"杰克"设计了与众不同的配饰，绿松石项链，印第安人认为绿松石是胜利和成功的象征，会为人们带来好运和吉祥，而这个饰品的设计与应用又恰恰显示了主人公的与众不同；女主人公"纳美公主"额头则佩戴着一个皮质、粗糙接缝的形似鹰嘴的头饰，这形象取材于土著服饰中的图腾文化：鹰羽冠、羽毛、十字架、树枝，都体现了向往自由、祈祷神佑的寓意。两位主角的装扮与配饰使他们独具风格，凸显了其地位，又不是那么突兀，融于整体形象，和谐而又美观。

与外星球部落种族类似的精灵、魔法师、女巫等人物也是魔幻电影中经常出现的形象。例如：《指环王》中的长有尖尖耳朵的灵性与帅气的精灵王子；《哈利·波特》中有花白胡须和深邃眼眸的以智者身份出现拥有力量和智慧的魔法师；《纳尼亚传奇》中有雪白肌肤和白色睫毛的冰冷而又傲慢的女巫……

除了这些美好的梦幻的人物之外，怪诞、搞笑、拥有超能力的形象也是人们喜闻乐见的，《变相怪杰》中无意拥有一个面具的男主人公"史丹利"自戴上面具之后，通过造型师的塑型改造之后变成了一个有着绿色脑袋、突出的洁白的牙齿的形象；《爱丽丝梦游仙境》中的大头小身的红桃皇后，结合任务的身份、性格等因素，设计出的这个虚拟人物造型凸显了角色的怪诞离奇。

（二）魔幻戏剧中的虚拟人物造型

魔幻戏剧中的虚拟人物造型大多突破传统写实戏剧的造型，演员扮演的角色往往以一种超越现实、充满想象的神奇形象出现，具有高度的假定性。

在木偶剧中《西游记》中的白龙马，《童话偶剧》中的吃掉环境的汽车人，《拜访森林》中的人偶同体的牛等。

教学中学生作业《僵尸新娘》虚拟人物设计中，作者提炼"批判与讽刺"这一主题，并以此作为设计的出发点，制作了主要角色的实体建模。把剧中人物设定为僵硬化的存在，抛除其所拥有的人性，夸张人物的面部表情，对能够更好展示人物特征的局部进行更突出的处理。在人偶骨骼的制作上，选用材质较软的铁丝和纸黏土，用铁丝搭建出人物的大致形态，然后附着上黏土并加以雕刻人物的面部形态。在人偶服装设计与制作上选用混合材料。

《僵尸新娘》试图展现的是一个病态美的世界，带点恶趣味，带有幽默诙谐的漫画风格，同时哥特元素也是必不可少的。从整体到细节，从材料元素的选择运用到最后人物形象的体现，逐步呈现出一部带有美式漫画风格的舞台剧版本《僵尸新娘》。在僵尸新娘艾米莉的人物设计上，保持了人的面貌和善良的鬼魅。她的身体躯干靠螺丝连接组合；头颅顶部是裂开的，里头住着"寄生虫"，此外，眼珠是可以随处变色安放的，艾米莉有一颗因死亡被冰冻住的"心脏"，因为维克多的出现渐渐融化。此外她的婚纱由蜘蛛网织成，身上缠绕着绷带，破旧充满哥特意味。因为宣扬女权绽放，使得作为男一号的维克多显得暗淡无光，连决定自我牺牲这样的重大转折也来得相当突兀，维克多阴柔颓废的气质正契合这样的让步需要。因此在人物设定上，维克多给人的感觉更像是一副空壳，表面上行尸走肉，像被掏空了灵魂，可是内心深处依旧挣扎。在他的头部设计上笔者制造了两个面孔，体现出傀儡的本质。他的表现是僵直的，外表冰冷哥特，但身体内却流淌着狂热的血液，设计师将这些东西夸张化，以更直接的方式表现出来。（如图4-134、图4-135）

图4-134　艾米莉

在范杜夫妇的设计上，他们作为当地的暴发户，形象上区别于没落贵族的维多利亚父母。维克多的母亲尼尔虽然穿着华丽，但在贵族面前依旧摆脱不了俗气与卑微，在身份和金钱同样重要的社会，他们因为有钱而充满傲气，但因为阶级身份低微，他们的形象又会透着一股愚蠢，在

图4-135　艾米莉

设计元素的选择上，运用了"鱼"、随身携带金银珠宝的元素，使其更张扬更夸张化。高斯威是一个威严、深受教条束缚的牧师形象，身披做旧的皮质外衣，点缀零星的叶片，领口冒出几根弹簧制造滑稽荒诞感，与脸部的十字架、脚底庄严的《圣经》产生鲜明的对比，眼神中透露出严重的恐惧与不安。（如图4-136、图4-137、图4-138）

图4-136　尼尔

图4-137　威廉

图4-138　《僵尸新娘》人物造型

舞台剧《狮子王》学生的作业，其构思由非洲大草原中获得设计灵感，重现了一套造型新颖的经典故事。从草图到实体建模的过程非常细致，值得借鉴。男主角辛巴由儿时的无忧无虑成长为一个勇敢又有担当的国王，人物设定要突现其心灵的变化与成长。彭彭是一只憨厚的野猪，为它设计一款波波头，头发遮住了眼睛，给人一种憨憨的感觉。在剧中，它和丁满这一对搞怪的组合给人一种放松快乐的感觉，也是忠贞不贰的朋友。

丁满：活泼幽默的小个子猫鼬，自称聪明潇洒，是辛巴的好朋友之一。

在辛巴被赶出荣耀王国奄奄一息的时候，丁满发现了他，经过他"聪明"的头脑思考决定留下这头小狮子，做它和彭彭的保镖。它喜欢吃小爬虫，鼓吹辛巴享受自由的生活方式。（如图4-139、图4-140）

刀疤：木法沙的亲生弟弟，辛巴的叔父。在辛巴出生前，原是第一顺位的王位继承人。枯瘦的身形下，暗藏着狡黠卑鄙的心。它其实是一个很可怜的反派，被亲人忽视，亲情和权力统统轮不到。因此将它的皮肤画成暗紫红色，这是一种病态的、代表着腐烂的肤色。背后突出的脊骨，以及弯曲的脊梁给人一种阴险又心狠手辣的感觉，零乱的黑发也寓意着辛巴归来后他的惨败与窘状。（如图4-141、图4-142、图4-143）

图4-139 丁满　　　　图4-140 丁满

图 4-141　刀疤

图 4-142　刀疤

图 4-143　刀疤

（三）虚拟人物十二生肖系列创作的装置绘画

以十二生肖这一传统文化为基础，创作十二个有名，有姓，有血型，星座，有出生日期的虚拟女孩形象。

运用十二个女孩进行虚拟人物整体概念设计，并用材料绘画的方式与女孩的形象相结合，塑造十二个不同性格的女孩，作品名字为《菩提子》。（如图4-144、图4-145、图4-146、图4-147、图4-148、图4-149、图4-150、图4-151、图4-152、图4-153、图4-154、图4-155）

图4-144　子婵·金鼠

图 4-145 丑妹 · 干眼

图 4-146　寅咋·金刚

第四章
不同剧种人物造型设计

图 4-147 卯媗·白玉

图 4-148　辰嬙·龙眼

第四章
不同剧种人物造型设计

图 4-149　巳媓 · 雪禅

图 4-150　午媱·六通

第四章
不同剧种人物造型设计

图 4-151　未妹 · 星月

图 4-152　申娈·莲花

第四章
不同剧种人物造型设计

图 4-153　酉姝·银丝

图 4-154　戌妤·干丝

第四章
不同剧种人物造型设计

图 4-155 亥嬟·金钟

结 语

    本书通过教学与实践当中的不断积累总结，分析了人物造型的基本规律以及各类剧目的不同要求，对丰富的戏剧种类人物造型进行案例的基本解读，从中找到它们之间的共性与特性，通过案例进行分析有利于找到人物造型设计的普遍规律与方式方法，在共性中寻找个性。在教学中，学生通过对戏剧影视服装造型设计体现的训练，运用基础理论。学习戏剧综合艺术理念下的造型艺术创作，可以通过对照在实际演出中的差异性，避免创作的盲目性，针对综合类人物造型的研究与实践发现它对推进教学的改进与提高起到有力的支撑作用，为戏剧影视人物造型设计的发展与创新提供了实践参考，从戏剧服饰人物造型基础的角度看有一定的参考性，有利于推进戏剧影视人物造型向深度广度发展，为后续学科体系，教材推进提供参考，进而为下一步提升探讨戏剧人物造型，偶剧人物造型，虚拟人物造型提供实践基础和理论依据。当然任何一门艺术创作，都不可能是一种固定的创作模式，是在普遍规律的基础上寻找个性化的创作方法及表现形式，打造设计师的独特性，创作的风格化，构建有品质、有格局、有内涵的当代戏剧影视人物造型设计艺术家是我们的希望。本书仅供参考，如有思考不到之处请谅解。